簡單作・零失敗の

純天

暖味甜點

藤井恵◎著

製作材料都是輕鬆就可以入手的。

不費功，而且幾乎不會失敗！

這就是我和女兒們所喜歡的甜點食譜。

我有兩個女兒。

當女兒們來到食欲旺盛的成長期，甜點也成為重要的一餐。

雖然不是每次，不過我都會盡量親手製作甜點。

我和孩子們最喜歡，並且最常作的

就是不加奶油、牛奶、砂糖製作的天然風味甜點。

也許有人認為製作這類甜點需要什麼特別的材料，

事實上，主要的材料都是全麥麵粉、蜂蜜、蘋果汁、豆漿等

在住家附近的超市就可以買到的食材。

開發這些甜點的契機，

是出自於對女兒朋友的考量。

因為她是過敏體質，來家裡玩時常會自己帶甜點。

「如果能和大家一起吃同樣的甜點，不知該有多好。」

這本食譜就因為她所說的這些話而誕生了。

實際製作之後，我不僅愛上這些滋味單純又天然的甜點，

更讓我驚訝的是作法非常簡單，又能在短時間內完成！

不僅能在日常忙碌的空檔中製作，而且又不費功，這真是再好不過了。

藤井 恵

不加蛋・不加牛奶・
不加糖甜點

Contents

Part 2

Part 3

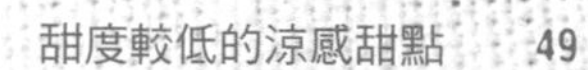

Part 4

⁘ 本書甜點特色＆烘焙祕訣 ⁘

⁘ 確實測量材料的份量

本書中材料的份量幾乎都是以g（公克）、杯、大匙或小匙等單位表示。需要測量公克數時，請務必確實測量。建議使用容易辨識的電子秤（如中圖），這樣比較不會出錯。此外，一杯的容量是200㎖、一大匙是15㎖、一小匙是5㎖。使用大、小匙時，記得先將匙中的材料刮平（如右圖）再進行測量。

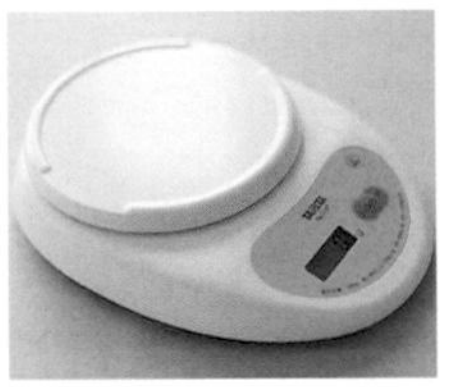

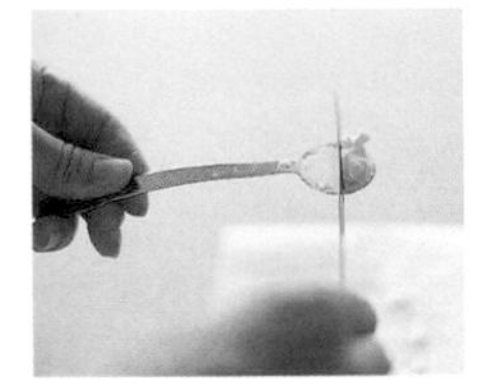

⁘ 本書中的粉類即使不過篩也可使用

一般在製作甜點時，基本上會先用篩網或篩粉器將低筋麵粉等材料過篩，讓粉類呈現鬆鬆的、不結塊的狀態。不過，本書所介紹的作法是把所有粉類都放入調理盆，再以打蛋器充分攪拌混合。經過打蛋器攪拌之後，由於粉中含有空氣的關係，會變成和篩過的粉相同的狀態，因此沒有必要事先過篩。

⁘ 烤箱請事先預熱

無論製作哪種甜點，都必須遵守這個規則。將甜點麵糊倒入烤模塑型之後，儘快開始烘烤是基本的原則。若慢慢來，會錯過麵糊的最佳狀態、或是讓烤箱的溫度降低，導致成品的膨脹度不佳。另外，為了好不容易提升的溫度，記得要加快速度，將麵糊送進烤箱。

⁘ 閱讀本書食譜的方式 ⁘

是一款擁有可愛的黃色及鬆軟的口感的蛋糕。南瓜天然的甜味最適合用來作甜點！

南瓜磅蛋糕

南瓜先用微波爐加熱至軟，再壓成看不到顆粒的果泥。
在攪拌A和B時加入。

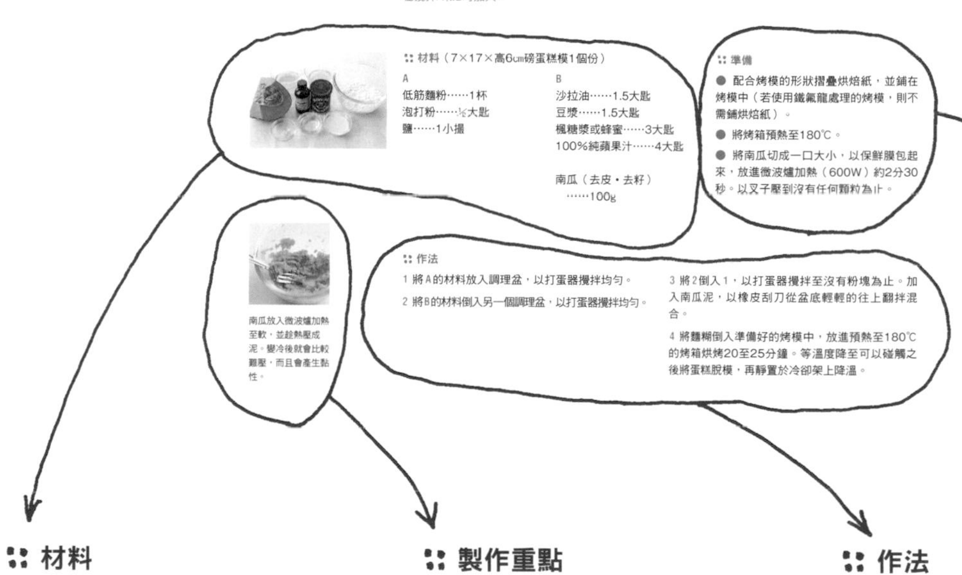

⁘ 材料（7×17×高6㎝磅蛋糕模1個份）

A
低筋麵粉……1杯
泡打粉……½大匙
鹽……1小撮

B
沙拉油……1.5大匙
豆漿……1.5大匙
楓糖漿或蜂蜜……3大匙
100%純蘋果汁……4大匙

南瓜（去皮・去籽）
……100g

⁘ 準備

● 配合烤模的形狀摺疊烘焙紙，並鋪在烤模中（若使用鐵氟龍處理的烤模，則不需鋪烘焙紙）。
● 將烤箱預熱至180℃。
● 將南瓜切成一口大小，以保鮮膜包起來，放進微波爐加熱（600W）約2分30秒。以叉子壓到沒有任何顆粒為止。

南瓜放入微波爐加熱至軟，並趁熱壓成泥。變冷後就會比較難壓，而且會產生黏性。

⁘ 作法

1 將A的材料放入調理盆，以打蛋器攪拌均勻。
2 將B的材料倒入另一個調理盆，以打蛋器攪拌均勻。
3 將2倒入1，以打蛋器攪拌至沒有粉塊為止。加入南瓜泥，以橡皮刮刀從盆底輕輕的往上翻拌混合。
4 將麵糊倒入準備好的烤模中，放進預熱至180℃的烤箱烘烤20至25分鐘。等溫度降至可以碰觸之後將蛋糕脫模，再靜置於冷卻架上降溫。

⁘ 準備

這裡標示的是測量材料等開始製作之前，必須先完成的工作。包括準備模型和烤箱，及備料等事項。

⁘ 材料

A、B項目內所包含的食材，代表的是必須事先混合之後再加進入的材料。至於之後再另行加進入的材料，則會以空一行標示的方式來加以區隔。

⁘ 製作重點

在作法當中，如果有需要注意之處，光看文字無法理解，或是想看麵糊或材料的狀態，就會連同圖片一起在這裡作說明，作為製作時的參考。

⁘ 作法

這裡會依照1、2、3的順序來說明製作方法。只要在開始製作之前先看過一遍，掌握大致流程之後再開始製作，就能在不慌亂的狀態下順利進行作業。

使用的材料

本書所介紹的雖然是不使用蛋、牛奶、砂糖所製作的甜點，
但是在製作時，並沒有使用特殊材料。幾乎所有的材料都可
以在住家附近的超市買到。以下內容可作為選購時的參考。

粉類

（從左至右）低筋麵粉、全麥麵粉、燕麥片、杏仁粉

「低筋麵粉」只要使用一般料理用或製作甜點的就可以了。「全麥麵粉」是把整粒小麥連同麩皮、胚芽等一起研磨而成的麵粉。外表呈現淺咖啡色，裡面還混有細小的褐色顆粒。這種麵粉可以在超市的烘焙材料專賣區或生機食品店買到。「燕麥片」是穀類的一種，經過加熱處理後即可食用。通常會陳列在穀類食品專賣區。「杏仁粉」是使用去皮杏仁研磨而成的粉末，具有香氣和甜味，可以在烘培材料專賣區找到。這些粉類在使用完畢後，記得要把開口封緊，放在陰涼處保存。

甜味料

（從左至右）楓糖漿、蘋果汁、蜂蜜

由於蜜蜂採蜜的花種不同，因此「蜂蜜」也分成許多種。本書所使用的是最普遍的淺黃色蜂蜜。以自己喜歡的蜂蜜進行各種嘗試，雖然是件開心的事，但使用風味或色澤濃厚的蜂蜜，作出的成品可能會變成褐色，或出現怪味的狀況。「楓糖」是糖楓樹樹液經過純化、濃縮之後所製成的糖漿。特徵是帶著濃厚香氣的獨特甜味。楓糖是褐色的，會讓甜點變成淺褐色。若想製作白色系甜點，較不建議使用楓糖。至於「蘋果汁」，請選用100%的純果汁。

奶油或蛋的替代品

（從左至右）白芝麻醬、沙拉油

「沙拉油」只要使用一般料理用即可。炸物油等使用過的油，會使甜點的氣味變差，請避免使用。橄欖油、芝麻油則適合用在想利用這些油品風味的甜點中。由於這些油品的氣味稍微強烈，因此本書所使用的是無色無味的沙拉油。如果在製作幾次，想重新調整配方時，建議先換成一半其他種類的油再慢慢試著增加份量。「白芝麻醬」則使用一般料理用的種類即可。可在想增添風味，或揉捏將產生黏性的麵團時使用。

奶製品的替代品

（從左至右）豆漿、豆腐、椰奶

「豆漿」在本書中可用來取代牛奶。購買豆漿時，只要是超市可以買到的就可以了，也不需要挑選包裝上標示「特濃」的產品。「豆腐」則是在製作奶油時的鮮奶油替代品。可隨自己的喜好選用板豆腐或嫩豆腐。想要彰顯豆味、呈現濃厚風味時使用板豆腐；想要有清爽口感時使用嫩豆腐。市售的「椰奶」幾乎是罐裝包裝，在中華或異國食材販售區都可以找到它的蹤影。因為風味獨特，在製作添加熱帶水果的甜點時，可作為牛奶的替代品使用。

膨脹用

泡打粉

要讓磅蛋糕等膨脹所使用的材料。可在超市的烘焙材料專賣區買到這類產品。「泡打粉」每次的使用量相當少。開封後沒用完，經過一兩年，膨脹的效果就會減弱。因此在購買時，建議盡量選擇小包裝，開封後放在陰涼處保存。

凝固用

（從左至右）吉利丁粉、寒天粉

「吉利丁」是製作果凍時不可欠缺的材料，原料是從動物的皮或軟骨提煉出來的膠原蛋白。吃起來Q彈的口感是它的特徵。「寒天」的原料來自「石花菜」這種海藻，通常用在水羊羹等日式甜點。這兩種材料都必須經過泡水、加熱融化之後才能使用。雖然也有作成片狀或棒狀的產品，但粉狀比較容易測量份量，也比較容易融化，因此建議使用粉狀產品。可在烘焙材料專賣店購買。

添加嚼勁和風味

堅果類、葡萄乾、芝麻、黃豆粉

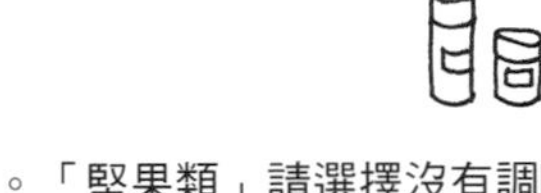

「芝麻」只要使用去皮芝麻等一般料理用的即可。「堅果類」請選擇沒有調味的烘焙專用堅果，避免選用被用來當作下酒菜、添加鹹味的產品。使用前稍微烤一下，就能讓堅果散發出香氣。將「黃豆粉」拌入粉類中，就能產生獨特的香氣和濃厚感。至於「葡萄乾」，不管是烘焙專用的，或是在乾果專賣區買到的產品，都可以使用。無論哪一種材料，在開封後都要記得把開口封好，避免受潮。

添加香味

（從左至右）肉桂粉、肉豆蔻粉、香草精

「肉桂粉」和「肉豆蔻粉」是為了使用上的方便而製成粉狀的香辛料。「肉桂粉」普遍使用在日式、西式甜點及一般料理中，帶著優雅的香甜氣味。「肉豆蔻粉」則帶著辛辣的香氣，非常適合搭配葡萄乾之類的乾果。「香草精」則是具有香草甜味香氣的人工香精，好處是使用起來非常方便。無論哪種香料，開封之後香氣都會隨著時間漸漸變淡，還是盡量買小瓶裝的比較好。

Part 1

以一個調理盆攪拌並烘烤就可以完成の

磅蛋糕

這是完全不使用蛋、牛奶、砂糖、奶油製作的磅蛋糕。這種蛋糕並沒有什麼特別作法，只要把材料全部放入調理盆攪拌，再送進烤箱烘烤就可以了。由於不需要任何製作技巧，因此即使是第一次作甜點的新手也不會失敗。先從基本款的無添加蛋糕中體會輕鬆感和美味，之後再試著添加蔬果，享受變化版的樂趣吧！

來作最基本的磅蛋糕！

4個步驟＆5分鐘即可完成的麵糊，接下來就送入烤箱吧！

一般磅蛋糕的製作技巧，這裡通通不需要！只要將材料放入調理盆攪拌，麵糊就完成了。
和一般作法相比，只消花費不到一半的時間和功夫是最大的魅力。

從最簡單的磅蛋糕開始製作！
素樸又充滿手作的溫暖點心。

基本款無添加磅蛋糕

使用全麥麵粉和低筋麵粉各半。不使用蛋，並且改用沙拉油、豆漿、蜂蜜及蘋果汁來取代奶油、牛奶、砂糖。因此在攪拌時不需費力，十分輕鬆，而且能烤出質地粗厚又簡單的蛋糕。

:: 材料（8×17×高6cm磅蛋糕模1個份）

A

全麥麵粉……½杯
低筋麵粉……½杯
泡打粉……½大匙
鹽……1小撮

B

沙拉油……2大匙
豆漿……2大匙
蜂蜜……3大匙
100%純蘋果汁……4大匙
香草精……少許

:: 準備

- 配合烤模的形狀摺疊烘焙紙，並鋪在烤模中（若使用鐵氟龍處理的烤模，則不需鋪烘焙紙）。
- 將烤箱預熱至180℃。

:: 作法

Point 使用打蛋器將A的粉類攪拌混合

1 將A放入調理盆，以打蛋器充分攪拌。A的材料主要都是粉類。放入調理盆並以打蛋器攪拌，就可以將空氣混入粉中。如此即使沒有過篩，成品也較蓬鬆柔軟。

Point 將B的液體充分攪拌均勻

2 將B倒入另一個容器或調理盆，並充分攪拌均勻。B主要是液體類。將油或蜂蜜等液體另外攪拌混合，會比較容易和粉類融合。

Point 將B加入A後大幅度攪拌，注意不要攪拌過頭

3 將2倒入1，以打蛋器大幅度的攪拌混合至沒有粉塊為止。攪拌過頭會讓材料變得黏稠，而且很難膨脹。因此只要攪拌到看不到任何粉末即可。

Point 將麵糊倒入烤模。放進烤箱，以180℃烘烤20至25分鐘

4 將麵糊倒入準備好的烤模中，放進預熱至180℃的烤箱烘烤20至25分鐘。如何判斷蛋糕是否烤熟呢？只要蛋糕表面呈現焦黃色，以竹籤插入之後，拿起時沒有沾黏麵糊就可以了。等溫度降至可以碰觸之後將蛋糕脫模，放在冷卻架上降溫。

沒有全麥麵粉時

只使用低筋麵粉來製作也是可以的。這時候只要把全麥麵粉的份量以低筋麵粉來取代即可。也就是需要用到一整杯份量的低筋麵粉。不過，烤出來的蛋糕吃起來並不是扎實的感覺，而是質地細緻、充滿彈力的口感。

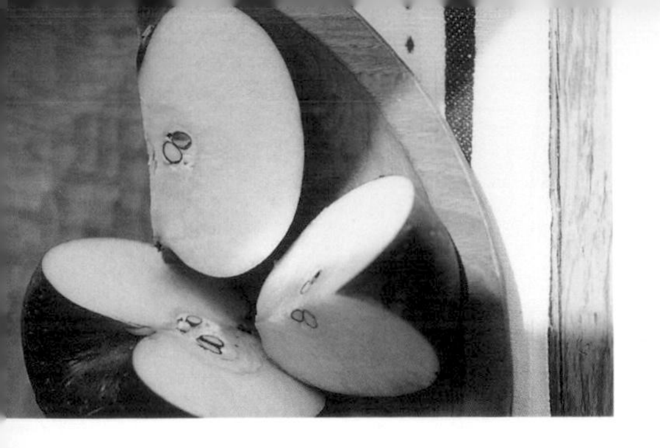

材料（8×17×高6㎝磅蛋糕模1個份）

A
全麥麵粉……½杯
低筋麵粉……½杯
泡打粉……½大匙
鹽……1小撮
肉桂粉……1小匙

B
沙拉油……1.5大匙
豆漿……1.5大匙
蜂蜜……3大匙
100%純蘋果汁……3大匙
香草精……少許

蘋果……¼個

準備

- 配合烤模的形狀摺疊烘焙紙，並鋪在烤模中（若使用鐵氟龍處理的烤模，則不需鋪烘焙紙）。
- 將蘋果去芯、削皮，切成約5㎜丁狀。
- 將烤箱預熱至180℃。

作法

1 將A的材料放入調理盆，以打蛋器攪拌均勻。

2 將B的材料倒入另一個調理盆，以打蛋器攪拌均勻。

3 將2倒入1，以打蛋器攪拌至沒有粉塊為止。加入切成丁狀的蘋果，以橡皮刮刀從盆底輕輕的往上翻拌。

4 將麵糊倒入準備好的烤模中，放進預熱至180℃的烤箱烘烤20至25分鐘。等溫度降至可以碰觸之後將蛋糕脫模，再靜置於冷卻架上降溫。

將蘋果切成5㎜的小丁。如果切得太大塊，容易因為蘋果的水分過多，使得烤好的蛋糕變得黏膩，讓口感變差。

加入蘋果的時機是在A和B混合、攪拌至看不到任何粉末的時候。要注意不要攪拌過頭。

加入蘋果後不必攪拌均勻。只要使用橡皮刮刀，從盆底往上翻拌大約4至5次的程度就可以了。

切成小塊的蘋果酸酸甜甜，
放入味道很搭的肉桂香氣為它加分！

蘋果磅蛋糕

在基本款磅蛋糕中加入肉桂粉，最後再混入蘋果就大功告成了。 把蘋果切成小丁，不僅較容易和麵糊融合，吃起來也比較容易。

材料（8×17×高6cm磅蛋糕模1個份）

A
- 全麥麵粉……½杯
- 低筋麵粉……½杯
- 泡打粉……½大匙
- 鹽……1小撮
- 核桃……¼杯

B
- 沙拉油……2大匙
- 豆漿……2大匙
- 楓糖漿或蜂蜜……3大匙
- 100%純蘋果汁……4大匙
- 香草精……少許
- 可可粉……1大匙

牛蒡……¼根

準備

- 配合烤模的形狀摺疊烘焙紙，並鋪在烤模中（若使用鐵氟龍處理的烤模，則不需鋪烘焙紙）。
- 將核桃放在烤盤上，在預熱至180℃的烤箱中烘烤10分鐘後，取出剁碎。
- 以料理刀將牛蒡皮刮除，切成5mm的小丁後泡入水中。將牛蒡以水煮軟，再充分瀝乾水分。
- 將烤箱預熱至180℃。

作法

1 將A的材料放入調理盆，以打蛋器攪拌均勻。

2 將B的材料倒入另一個調理盆，以打蛋器攪拌均勻。

3 將2倒入1，以打蛋器攪拌至沒有粉塊為止。加入煮好的牛蒡，以橡皮刮刀從盆底輕輕的往上翻拌混合。

4 將麵糊倒入準備好的烤模中，放進預熱至180℃的烤箱烘烤20至25分鐘。等溫度降至可以碰觸之後將蛋糕脫模，再靜置於冷卻架上降溫。

牛蒡是高纖維質的食材，在製作甜點時，切成5mm的大小會比較容易使用。使用前需將牛蒡用水煮軟。

由於可可粉和其他粉類一起攪拌時會容易結塊，因此要放入B的液體材料中，充分攪拌至融化之後，再倒入粉中。

在A和B攪拌完成後，就可以加入牛蒡，然後稍微混合一下。要注意加入可可粉的麵糊如果攪拌過頭，膨脹度就會變差。

雖然是有點特殊的組合，味道卻搭配得非常好，
是我最喜歡的甜點。

牛蒡&核桃巧克力磅蛋糕

將煮過的牛蒡加入甜點中，就能享受堅果般的風味和嚼勁。
因此牛蒡非常適合搭配可可或巧克力。核桃的爽脆嚼勁更能增添甜點的口感。

從切口隱約可以看到蓮藕的可愛形狀，
看起來就充滿樂趣的蛋糕！

蓮藕&葡萄乾磅蛋糕

以盡量留有孔洞的方式，將蓮藕切成薄片。蓮藕比較小就直接切成圓片；比較大就切成半月形或四分之一圓片，在麵糊製作完成後加入。

材料（1個8×17×高6cm磅蛋糕模的份量）

A
全麥麵粉……½杯
低筋麵粉……½杯
泡打粉……½大匙
鹽……1小撮
肉豆蔻粉
（無亦可）……少許
葡萄乾……¼杯

B
沙拉油……1.5大匙
豆漿……1.5大匙
蜂蜜……3大匙
100%純蘋果汁……4大匙
香草精……少許

蓮藕……⅓根（50g）

準備

- 配合烤模的形狀摺疊烘焙紙，並鋪在烤模中（若使用鐵氟龍處理的烤模，則不需鋪烘焙紙）。
- 蓮藕以削皮器去皮之後，縱切成4等分，切成薄片。
- 將烤箱預熱至180℃。

作法

1 將A的材料放入調理盆，以打蛋器攪拌均勻。

2 將B的材料倒入另一個調理盆，以打蛋器攪拌均勻。

3 將2倒入1，以打蛋器攪拌至沒有粉塊為止。加入蓮藕並以橡皮刮刀從盆底輕輕的往上翻拌混合。

4 將麵糊倒入準備好的烤模中，放進預熱至180℃的烤箱烘烤20至25分鐘。等溫度降至可以碰觸之後將蛋糕脫模，再靜置於冷卻架上降溫。

把蓮藕削皮並切成薄片，就能同時享有可愛的外型和爽脆的口感了。

如果手邊有肉豆蔻粉，建議順便加入。肉豆蔻粉獨特的香甜能夠將葡萄乾和蓮藕的風味襯托出來。

將A和B混合並攪拌至沒有粉塊，再將蓮藕加進去，但不要過度攪拌。

搭配日本茶一起享用，帶著些許甘甜，
是一款香氣四溢的日式蛋糕。

番薯&青海苔磅蛋糕

以青海苔來作蛋糕？
令人意外的是青海苔粉不僅不容易結塊，又能作出顏色美麗並散發香氣的蛋糕，是非常好用的素材。番薯先放入微波爐加熱後，壓成泥狀再加入。

材料（8×17×高6cm磅蛋糕模1個份）

A
全麥麵粉……½杯
低筋麵粉……½杯
泡打粉……½大匙
鹽……1小撮
青海苔粉……2大匙

B
沙拉油……1.5大匙
豆漿……1.5大匙
蜂蜜……3大匙
100%純蘋果汁……4大匙
紅皮番薯
……小1根（100g）

準備

- 配合烤模的形狀去摺疊烘焙紙，並鋪在烤模中（若使用鐵氟龍處理的烤模，則不需鋪烘焙紙）。
- 將B中的番薯切成1cm厚的圓片。以保鮮膜包起來，放進微波爐加熱（600W）2分30秒，讓番薯變軟，再以叉子連皮壓成泥狀。
- 將烤箱預熱至180℃。

作法

1 將A的材料放入調理盆，以打蛋器攪拌均勻。

2 將B的材料倒入另一個調理盆，以打蛋器攪拌均勻。

3 將2倒入1，以打蛋器攪拌混合至沒有粉塊為止。

4 將麵糊倒入準備好的烤模中，放進預熱至180℃的烤箱烘烤20至25分鐘。等溫度降至可以碰觸之後將蛋糕脫模，再靜置於冷卻架上降溫。

為了充分利用外皮的顏色，請將帶皮番薯直接放進微波爐加熱。等番薯變軟後再壓成看不到顆粒的泥狀。

先將青海苔粉和粉類拌勻，之後會比較容易和麵糊融合。再以打蛋器充分攪拌混合，直到綠色均勻的散布在粉中。

先將番薯泥加入B的液體材料中攪拌，之後會比較容易和麵糊融合。以打蛋器充分攪拌至濃稠狀態為止。

為蔬菜蛋糕中的經典，和孩子們一起動手更有樂趣！

胡蘿蔔磅蛋糕

將胡蘿蔔磨成泥，等麵糊攪拌均勻後再加入。
烤出來的蛋糕體呈橘紅色。胡蘿蔔的風味和楓糖十分相配喔！

材料（8×17×高6㎝磅蛋糕模1個份）

A
- 全麥麵粉……½杯
- 低筋麵粉……¼杯
- 泡打粉……1小匙

B
- 沙拉油……2大匙
- 豆漿……2大匙
- 楓糖漿……3大匙
- 100%純蘋果汁……2大匙
- 香草精……少許

- 胡蘿蔔……½根

準備

- 配合烤模的形狀摺疊烘焙紙，並鋪在烤模中（若使用鐵氟龍處理的烤模，則不需鋪烘焙紙）。
- 將烤箱預熱至180℃。
- 將胡蘿蔔削皮，以保鮮膜包起來，放進微波爐加熱（600W）1分30秒，再磨成泥狀。

變化版

使用小的瑪德蓮烤模烘烤

胡蘿蔔瑪德蓮

在瑪德蓮烤模上薄薄塗一層沙拉油（份量外），以湯匙將作法3的麵糊填進烤模。放進預熱至180℃的烤箱烘烤18至20分鐘，直到外表呈現焦黃色為止。等溫度降至可以碰觸之後之後將蛋糕脫模，並靜置冷卻。

為了讓蛋糕容易從烤模取出，需要先薄塗一層沙拉油，再以湯匙將麵糊填進烤模。填到烤模凹槽的邊緣為止。

材料（10個份）

和胡蘿蔔磅蛋糕一樣

作法

1 將A的材料放入調理盆，以打蛋器攪拌均勻。

2 將B的材料倒入另一個調理盆，以打蛋器攪拌均勻。

3 將2倒入1，以打蛋器攪拌至沒有粉塊為止。加入磨好的蘿蔔泥，以橡皮刮刀從盆底輕輕的往上翻拌混合。

4 將麵糊倒入準備好的烤模中，放進預熱至180℃的烤箱烘烤20至25分鐘。等溫度降至可以碰觸之後將蛋糕脫模，再靜置於冷卻架上降溫。

先把胡蘿蔔放進微波爐加熱至軟再磨成泥，不僅色澤漂亮，獨特的蔬菜香氣更令人著迷。

等麵糊攪拌均勻後再加入蘿蔔泥，只要攪拌至均勻即可。

使用市售的蛋糕紙模烘烤，也很適合用來送禮！

香蕉磅蛋糕

以叉子把香蕉壓成泥狀，加入B的液體材料中進行攪拌。
祕訣在於使用外皮變黑的熟軟香蕉。

材料

（8×3×高3.5㎝蛋糕紙模6個份或
7×17×高6㎝磅蛋糕模1個份）

A
低筋麵粉……1杯
泡打粉……½大匙
鹽……1小撮

B
沙拉油……1.5大匙
豆漿……1.5大匙
楓糖漿或蜂蜜……3大匙
100%純蘋果汁……3大匙
香蕉……1小根（100g）
香草精……少許

準備

- 配合烤模的形狀摺疊烘焙紙，並鋪在烤模中（若使用鐵氟龍處理的烤模，則不需鋪烘焙紙）。
- 將烤箱預熱至180℃。
- 香蕉剝皮後，以叉子壓成果泥。

把香蕉以叉子壓成濃稠的泥狀，加進B的液體材料中充分攪拌至完全融合。然後再放到其他材料中攪拌混勻。

作法

1 將A的材料放入調理盆，以打蛋器攪拌均勻。

2 將B的材料倒入另一個調理盆，以打蛋器攪拌均勻。

3 將2倒入1，以打蛋器攪拌混合至沒有粉塊為止。

4 將麵糊倒入準備好的烤模中，放進預熱至180℃的烤箱內，烘烤20至25分鐘。等溫度降至可以碰觸之後將蛋糕脫模，再靜置於冷卻架上降溫。

是一款擁有可愛的黃色及鬆軟的口感的蛋糕。南瓜天然的甜味最適合用來作甜點！

南瓜磅蛋糕

南瓜先以微波爐加熱至軟，再壓成看不到顆粒的果泥。
在攪拌A和B時加入。

材料（7×17×高6cm磅蛋糕模1個份）

A
低筋麵粉……1杯
泡打粉……½大匙
鹽……1小撮

B
沙拉油……1.5大匙
豆漿……1.5大匙
楓糖漿或蜂蜜……3大匙
100%純蘋果汁……4大匙

南瓜（去皮・去籽）
……100g

準備

- 配合烤模的形狀摺疊烘焙紙，並鋪在烤模中（若使用鐵氟龍處理的烤模，則不需鋪烘焙紙）。
- 將烤箱預熱至180℃。
- 將南瓜切成一口大小，以保鮮膜包起來，放進微波爐加熱（600W）約2分30秒。以叉子壓到沒有任何顆粒為止。

南瓜放入微波爐加熱至軟，並趁熱壓成泥。變冷後就會比較難壓，而且會產生黏性。

作法

1 將A的材料放入調理盆，以打蛋器攪拌均勻。

2 將B的材料倒入另一個調理盆，以打蛋器攪拌均勻。

3 將2倒入1，以打蛋器攪拌至沒有粉塊為止。加入南瓜泥，以橡皮刮刀從盆底輕輕的往上翻拌混合。

4 將麵糊倒入準備好的烤模中，放進預熱至180℃的烤箱烘烤20至25分鐘。等溫度降至可以碰觸之後將蛋糕脫模，再靜置於冷卻架上降溫。

清爽甜美的柳橙香氣，烤成圓環狀更可愛。

柳橙磅蛋糕

將柳橙切成小丁再加入。如果切得太大塊，容易因為柳橙的水分過多，使得烤好的蛋糕變得黏黏的，在此切成5mm的小丁最方便使用。

材料

（直徑16cm圓環狀中空烤模或
7×17×高6cm磅蛋糕模1個份）

A
低筋麵粉……1杯
泡打粉……½大匙
鹽……1小撮

B
沙拉油……1.5大匙
豆漿……1.5大匙
蜂蜜……4大匙
100%純蘋果汁……4大匙
香草精……少許

柳橙（取出果肉）
……100g（1個份）

準備

- 如果使用圓環狀中空烤模，就要在烤模上薄薄塗上一層沙拉油（份量外）、輕輕灑一層低筋麵粉，並把多餘的麵粉拍掉。如果使用磅蛋糕模型，則配合烤模形狀摺疊烘焙紙，並鋪在烤模中（若使用鐵氟龍處理的烤模，則不需鋪烘焙紙）。
- 將烤箱預熱至180℃。
- 將柳橙切成小丁。

加入柳橙的時機是在A和B混合、攪拌至看不到任何粉末，完成麵糊的時候。此時只要把柳橙加入稍微翻拌即可。

作法

1 將A的材料放入調理盆，以打蛋器攪拌均勻。

2 將B的材料倒入另一個調理盆，以打蛋器攪拌均勻。

3 將2倒入1，以打蛋器攪拌至沒有粉塊為止。加入柳橙丁，以橡皮刮刀從盆底輕輕的往上翻拌混合。

4 將麵糊倒入準備好的烤模中，放進預熱至180℃的烤箱烘烤20至25分鐘。等溫度降至可以碰觸之後將蛋糕脫模，再靜置於冷卻架上降溫。

加入蔬菜、葡萄乾、香料等豐富配料的辛香風味。

胡蘿蔔&葡萄乾磅蛋糕

不要將胡蘿蔔壓成泥，而是切成細絲後再加入。
如此烤出來的蛋糕會保有胡蘿蔔的嚼勁，而且和葡萄乾形成絕妙的平衡。

材料（7×17×高6cm磅蛋糕模1個份）

A
- 低筋麵粉……½杯
- 全麥麵粉……½杯
- 泡打粉……½大匙
- 肉桂粉……1小匙
- 肉豆蔻粉……少許
- 核桃……¼杯
- 葡萄乾……¼杯

B
- 沙拉油……1又⅔大匙
- 豆漿……1又⅔大匙
- 蜂蜜……3.5大匙
- 100%純蘋果汁……3.5大匙
- 香草精……少許

胡蘿蔔……100g（約½根）

準備

- 配合烤模形狀摺疊烘焙紙，並鋪在烤模中（若使用鐵氟龍處理的烤模，則不需鋪烘焙紙）。
- 將烤箱預熱至180℃。
- 胡蘿蔔以刨絲器削成細絲。

胡蘿蔔切得越細越好，所以使用刨絲器就能切得細又快，方便許多。

作法

1 將A的材料放入調理盆，以打蛋器攪拌均勻。

2 將B的材料倒入另一個調理盆，以打蛋器攪拌均勻。

3 將2倒入1，以打蛋器攪拌至沒有粉塊為止。加入胡蘿蔔細絲，以橡皮刮刀從盆底輕輕的往上翻拌混合。

4 將麵糊倒入準備好的烤模中，放進預熱至180℃的烤箱烘烤20至25分鐘。等溫度降至可以碰觸之後將蛋糕脫模，再靜置於冷卻架上降溫。

加入水滴巧克力豆和核桃，享受瞬間散發的美味口感！

巧克力堅果磅蛋糕

將水滴巧克力豆和核桃加入A的粉類材料中攪拌，直至每個顆粒均勻裹上粉，
就能讓食材均勻分佈在烤好的蛋糕中。核桃亦可以花生取代。

材料

（約17×17×高4cm的方形烤模
或7×17×高6cm磅蛋糕模1個份）

A

低筋麵粉……1 杯
泡打粉……½ 大匙
鹽……1 小撮
水滴巧克力豆……¼ 杯
核桃……¼ 杯

B

沙拉油……1 又 ⅔ 大匙
豆漿……1 又 ⅔ 大匙
楓糖漿或蜂蜜……3 大匙
100%純蘋果汁……3 大匙

準備

- 配合烤模形狀摺疊烘焙紙，並鋪在烤模中（若使用鐵氟龍處理的烤模，則不需鋪烘焙紙）。
- 將烤箱預熱至180℃。
- 將A材料中的核桃以平底鍋乾煎一下後剁碎。

把水滴巧克力豆和核桃加入A的粉類材料中，以打蛋器攪拌至每個顆粒都裹到粉為止。再把B的液體材料倒進來。

作法

1 將A的材料放入調理盆，以打蛋器攪拌均勻。

2 將B的材料倒入另一個調理盆，以打蛋器攪拌均勻。

3 將2倒入1，以打蛋器攪拌混合至沒有粉塊為止。

4 將麵糊倒入準備好的烤模中，放進預熱至180℃的烤箱烘烤20至25分鐘。等溫度降至可以碰觸之後將蛋糕脫模，再靜置於冷卻架上降溫。

有點懷舊的味道，是適合作給母親品嚐的甜點。

芝麻黃豆粉磅蛋糕

把芝麻和黃豆粉直接加進A的粉類材料中就可以了。若以白芝麻取代黑芝麻，
烤出來的蛋糕會散發溫柔高雅的味道，也很好吃！

材料

（5×14×高4cm小型磅蛋糕模2個份
或7×17×高6cm磅蛋糕模1個份）

A
低筋麵粉……¾杯
黃豆粉……¼杯
泡打粉……½大匙
鹽……1小撮
黑芝麻……2大匙

B
沙拉油……1又⅔大匙
豆漿……1又⅔大匙
蜂蜜……3大匙
100%純蘋果汁……4大匙

黑芝麻（表面裝飾用）
……½大匙

準備

● 配合烤模形狀摺疊烘焙紙，並鋪在烤模中（若使用鐵氟龍處理的烤模，則不需鋪烘焙紙）。

● 將烤箱預熱至180℃。

將黃豆粉和芝麻加進A的粉類材料中，以打蛋器攪拌到完全均勻。

作法

1 將A的材料放入調理盆，以打蛋器攪拌均勻。

2 將B的材料倒入另一個調理盆，以打蛋器攪拌均勻。

3 將2倒入1，以打蛋器攪拌混合至沒有粉塊為止。

4 將麵糊倒入準備好的烤模中，在表面撒上裝飾用的芝麻。放進預熱至180℃的烤箱烘烤20至25分鐘。等溫度降至可以碰觸之後將蛋糕脫模，再靜置於冷卻架上降溫。

透過壓泥&表面裝飾兩種方式，品嚐毛豆的風味。

毛豆磅蛋糕

將毛豆壓成豆泥，混入麵糊中，再放些毛豆在表面上。
等蛋糕烤好之後，就能同時享受毛豆甘甜的滋味和顆粒口感了。

材料

（17×17×高4cm方形烤模
或7×17×高6cm磅蛋糕模1個份）

A

低筋麵粉……½杯
全麥麵粉……½杯
泡打粉……½大匙
鹽……1小撮

B

沙拉油……1.5大匙
豆漿……1.5大匙
楓糖漿或蜂蜜……3大匙
100%純蘋果汁……4大匙
毛豆（煮過後將豆莢和外層薄膜去除）
……100g

毛豆（表面裝飾用。煮過後將豆莢和外層薄膜去除）……30g

準備

● 配合烤模形狀摺疊烘焙紙，並鋪在烤模中（若使用鐵氟龍處理的烤模，則不需鋪烘焙紙）。
● 將烤箱預熱至180℃。
● 將B材料中的毛豆放進食物調理機打成泥，或放入研缽中磨成豆泥。

毛豆壓成豆泥，放入B的液體材料，以打蛋器充分攪拌至濃稠狀態為止。

作法

1 將A的材料放入調理盆，以打蛋器攪拌均勻。

2 將B的材料倒入另一個調理盆，以打蛋器攪拌均勻。

3 將2倒入1，以打蛋器攪拌至沒有粉塊為止。加入表面裝飾用的毛豆，以橡皮刮刀從盆底輕輕的往上翻拌混合。

4 將麵糊倒入準備好的烤模中，放進預熱至180℃的烤箱烘烤20至25分鐘。等溫度降至可以碰觸之後將蛋糕脫模，再靜置於冷卻架上降溫。

是一款充滿時尚感的咖啡館風格蛋糕，適合在午餐時連同料理一起享用。

櫛瓜磅蛋糕

祕訣在於活用櫛瓜的綠皮。以刨絲器將生的櫛瓜削成細絲並加入，
就能享受蔬菜的美麗色彩和清爽風味了。

材料（7×17×高6cm磅蛋糕模1個份）

A
低筋麵粉……½杯
全麥麵粉……½杯
泡打粉……½大匙
鹽……1小撮
肉桂粉……⅓小匙
核桃……½杯

B
沙拉油……1.5大匙
豆漿……1.5大匙
蜂蜜……3大匙
100%純蘋果汁……2大匙
香草精……少許

櫛瓜
……50g（約½根的份量）

準備

- 配合烤模形狀摺疊烘焙紙，並鋪在烤模中（若使用鐵氟龍處理的烤模，則不需鋪烘焙紙）。
- 將烤箱預熱至180℃。
- 將核桃以平底鍋乾煎一下，剁碎。
- 以刨絲器將櫛瓜削成細絲狀。

為了讓櫛瓜和麵糊融合，必須用刨絲器將櫛瓜削成極細的細絲。在A和B攪拌完成時加進去。

作法

1 將A的材料放入調理盆，以打蛋器攪拌均勻。

2 將B的材料倒入另一個調理盆，以打蛋器攪拌均勻。

3 將2倒入1，以打蛋器攪拌至沒有粉塊為止。加入櫛瓜絲，以橡皮刮刀從盆底輕輕的往上翻拌混合。

4 將麵糊倒入準備好的烤模中，放進預熱至180℃的烤箱烘烤20至25分鐘。等溫度降至可以碰觸之後將蛋糕脫模，再靜置於冷卻架上降溫。

在磅蛋糕上加一道功夫的
變化版甜點

不使用砂糖來製作的磅蛋糕可以降低甜度，因此可以自由自在地加以變化。例如，添加水果或醬汁，直接當作早餐。大家一定能夠找到自己最喜歡的吃法！

紅茶糖煮水果＆優格

添加糖煮乾果的
聖代甜點

材料

喜歡的磅蛋糕……適量
茶包……1袋
加州梅乾、杏桃乾、葡萄乾……各50g
薄切檸檬片……3片
蜂蜜……3大匙
原味優格……酌量

作法

1 在耐熱玻璃製成的調理盆中加入1.5杯的熱開水（份量外），放入茶包、加州梅乾、杏桃乾、葡萄乾、薄切檸檬片和蜂蜜。以保鮮膜蓋起來，放進微波爐加熱（600W）約3分鐘。等放涼之後再把茶包取出。

2 在器皿中放進喜歡的磅蛋糕（圖中為南瓜口味）、依喜好的份量加入1的糖煮水果和優格，盛盤裝飾。

可以當作早餐或輕食，也適合帶便當

三明治

∷ 材料

喜歡的磅蛋糕⋯⋯適量
火腿、美生菜、起司⋯⋯酌量

∷ 作法

將喜歡的磅蛋糕（圖中為原味）切成適當厚度的切片。選擇火腿、美生菜、起司等喜歡的食材夾進蛋糕切面。

蜂蜜檸檬風味果醬

使用醃製水果
來取代醬汁

∷ 材料

喜歡的磅蛋糕⋯⋯適量
喜歡的水果⋯⋯總共200g　蜂蜜⋯⋯1大匙
利口酒或檸檬汁⋯⋯1大匙　薄荷葉⋯⋯適量

∷ 作法

1 如果選用的水果帶有果皮、蒂頭、薄膜等部分，需先去除並切成一口大小（圖中為柳橙、奇異果、草莓、藍莓）。

2 在調理盆中放入適量的水果、蜂蜜、利口酒或檸檬汁、薄荷葉，並適度的加以混合。靜置一段時間讓水果入味。

3 將自己喜好的磅蛋糕（圖中為柳橙口味）放在容器上，加進2之中的醃製水果。

column 1

本書所使用的甜點製作工具

基本三種工具＋便利工具

在本書中出現的基本工具只有三種，非常單純。
無論哪一種，都是家中廚房常見的工具。
只要使用這些工具就可以作出美味的甜點！

調理盆

材質方面，無論是玻璃或不鏽鋼都可以。尺寸方面，直徑22cm左右的比較好用。造型方面，選用曲線陡直、較有深度的類型比較容易攪拌，粉末也比較不會四處飛散。

打蛋器

不鏽鋼材質。攪拌的部分是由彎曲的鋼絲所製成的，建議選擇下方彎度不會過大，而且和調理盆曲線相近的打蛋器，比較容易攪拌。最好使用烘焙專用的攪拌器。

橡皮刮刀

推薦使用一體成型、柄部和刮刀沒有接縫的類型，不但清洗起來比較輕鬆，也比較衛生。如果選用耐熱材質的刮刀，也可以取代木鏟在熱鍋中使用。

食物調理機

在本書中，要把蔬果類弄成糊狀，或是要把冰淇淋攪打至柔滑時，都是使用食物調理機來處理的。擁有一台食物調理機，製作甜點的速度會變得完全不同。最近似乎也出現一些價格比較實惠的產品。

Part 2

不使用烤模
也能完成的烘焙甜點

為了讓大家更輕鬆的享受製作天然甜點的樂趣，在此介紹一些不用烤模也能完成的甜點。有的可以直接倒入烤盤烘烤成一大片；有的可以湯匙舀麵糊烘烤成小塊，或者將麵團延展壓平，以杯子取代模型去壓出形狀等。這些甜點的作法，對初學者來說也非常簡單。就以和孩子們一起玩黏土的心情輕鬆製作甜點吧！

空氣中漫延著可可的溫暖香氣，
烤好後一入口就輕輕散開。堅果類的口感更是加分！

無添加布朗尼蛋糕

美味的祕密在於製作時加入白芝麻醬。不僅能讓味道濃厚、有層次，還能帶來咬下時口感扎實；入口後瞬間散開的微妙感。祕訣是在烤盤上均勻鋪上一層厚厚的麵糊再烘烤。

⁘ 材料（約20×20×厚1.5㎝烘焙器皿1個份）

A
全麥麵粉……1.5杯
低筋麵粉……½杯
泡打粉……½大匙
鹽………1小撮

B
沙拉油……½杯
豆漿……3大匙
楓糖漿或蜂蜜……¾杯
100%純蘋果汁……3大匙
白芝麻醬……¼杯
香草精……少許
可可粉……2大匙

核桃……1杯
水滴巧克力豆……¼杯

⁘ 準備

- 將烘焙紙鋪在烤盤上。
- 將烤箱預熱至180℃。
- 將核桃放在烤盤上，送入預熱至180℃的烤箱中烘烤10分鐘，剁碎。

⁘ 作法

1 將A的材料放入調理盆，以打蛋器充分攪拌。

2 將B的材料倒入另一個調理盆，攪拌至均勻為止。

3 將2倒入1，以打蛋器攪拌至沒有粉塊為止。加入核桃碎塊和水滴巧克力豆，以橡皮刮刀從盆底輕輕的往上翻拌混合。

4 將麵糊倒入準備好的烤盤中，鋪成20×20㎝（厚度為1.5㎝）的方形，並將表面整平。如果核桃的數量足夠，也可以擺幾個（份量外）在麵糊表面作為裝飾。放進預熱至180℃的烤箱烘烤20至25分鐘。等溫度降至可以碰觸之後將蛋糕脫模，再靜置於冷卻架上降溫。

由於核桃烤過後香氣會更濃，雖然有點麻煩，但效果會比不烤就直接使用來得好。可以趁預熱烤箱時順便烘烤，更有效率。

將A和B混合並攪拌至沒有粉塊，再將核桃、水滴巧克力豆加進去混合即可。

如果將麵糊完全鋪平在一般烤盤上，會因為厚度太薄，導致烤出來的蛋糕口感很乾，所以使用20×20㎝左右的尺寸來烘烤比較適合。

倒入烤盤中
烘烤成
一大片蛋糕

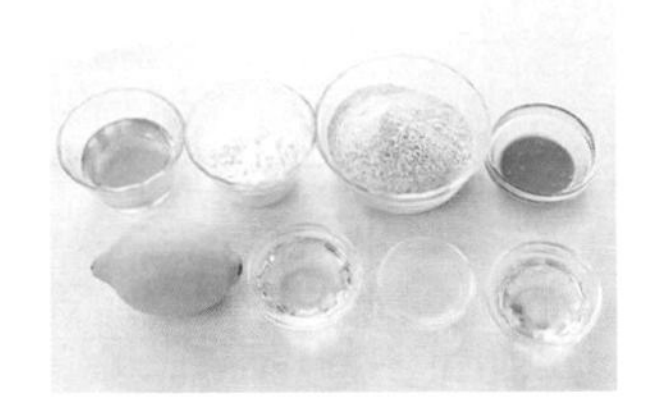

材料（20片份）

A
全麥麵粉……1杯
低筋麵粉……¼杯
鹽……少許

B
沙拉油……2大匙
白芝麻醬……1大匙
蜂蜜……4大匙
檸檬汁……1大匙
100%純蘋果汁……2大匙
檸檬皮（磨成碎屑）……1小匙

準備

- 將烘焙紙鋪在烤盤上。
- 將烤箱預熱至170℃。

作法

1 將A的材料放入調理盆，以打蛋器充分攪拌。

2 將B的材料倒入另一個調理盆，攪拌至均勻為止。

3 將2倒入1，以橡皮刮刀攪拌至沒有粉塊為止。

4 將3的麵糊用湯匙舀出，一匙一匙的排放在烤盤上。可依照自己的喜好切一些檸檬細絲（材料之外的份量）擺在麵糊表面作為裝飾。放進預熱至170℃的烤箱烘烤約20分鐘。等溫度降至可以碰觸之後將蛋糕脫模，再靜置於冷卻架上降溫。

將一口大小的
麵糊排放上去
再以湯匙
調整形狀

將檸檬清洗乾淨後把水擦乾。如果想把黃色果皮磨成碎屑，只要將檸檬放在磨皮器上，來回摩擦3至4次就夠用了。

A和B混合後的狀態。只要大致攪拌到看不到粉末就可以了，但不要攪拌過度。

將麵糊排放在鋪著烘焙紙的烤盤上，麵糊之間保留些許間距。以湯匙背面輕壓麵糊成3至4㎝的圓形。

微微散發出清爽檸檬香氣的優雅滋味，
適合和味道濃厚的奶茶一起享用。

檸檬餅乾

香氣只來自檸檬皮，完全不添加任何香料，因此加進檸檬黃色外皮所磨下的碎屑是最大的重點。如果加入皮的白色部分，就會產生苦味。這是一道不會失敗且最適合新手製作的甜點。

由於甜度較低，可以用來取代麵包在早餐時享用。

馬鈴薯司康

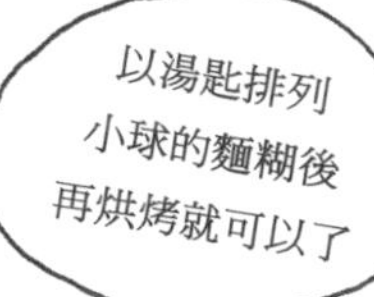

一般的司康作法是將麵糊以手攤平後，再分別壓出圓形。
這裡的作法是直接以湯匙排放麵糊，作起來更輕鬆。

材料（6個份）

A
全麥麵粉……½杯
低筋麵粉……1杯
泡打粉……1大匙
鹽……1小撮

B
沙拉油……¼杯
100%純蘋果汁……¾杯
香草精……少許
馬鈴薯…1個

準備

- 將烘焙紙鋪在烤盤上。
- 將烤箱預熱至180℃。
- 將B材料的馬鈴薯削皮，快速清洗後以保鮮膜包起來，放進微波爐加熱（600W）約2分30秒。以叉子壓成泥狀。

作法

1 將A的材料放入調理盆，以打蛋器充分攪拌。

2 將B的材料倒入另一個調理盆，攪拌至濃稠狀態為止。

3 將2倒入1，以橡皮刮刀翻拌麵糊至柔滑的狀態。

4 將3大致分成6等分，以一湯匙舀出一等分圓球的方式分別排放在準備好烤盤上。放進事先預熱至180℃的烤箱烘烤約30分鐘，再靜置於冷卻架上降溫。

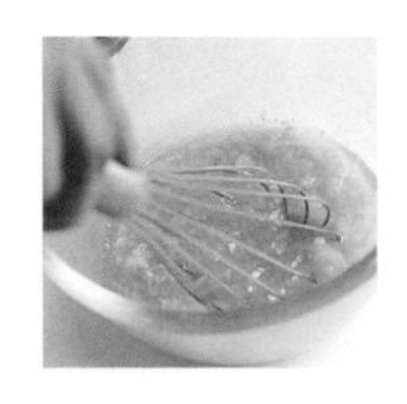

將壓成泥狀的馬鈴薯加進B，攪拌到完全融合，這樣加進麵糊後比較容易混合均勻。

由於麵糊非常柔軟又帶著少許黏性，請以湯匙舀起圓球麵糊，排放在鋪有烘焙紙的烤盤上。

小小顆的玉米粒十分俏皮，是看起來就很可愛的甜點。

玉米馬芬

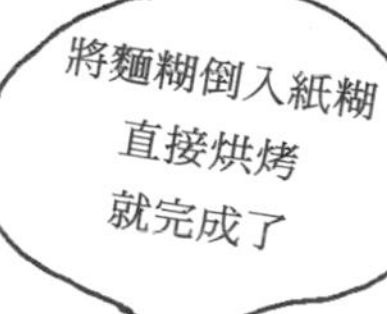

想烤出蓬鬆柔軟的口感，祕訣在於不要過度攪拌。以橡皮刮刀進行混合時，
基本上就是從盆底輕輕的往上翻拌一下就可以了。

⁘ 材料（10個份）

A

全麥麵粉……1 杯
低筋麵粉……1 杯
泡打粉……½ 大匙
鹽……¼ 小匙

B

沙拉油……3 大匙
蜂蜜……5 大匙
100%純蘋果汁……5 大匙
豆漿……3 大匙

玉米粒（罐裝）……½ 杯

⁘ 準備

- 將玉米罐頭中的汁水瀝掉。
- 將烤箱預熱至170℃。

將 A 和 B 混合並攪拌至沒有粉塊，再將玉米粒加進去。翻拌到和麵糊完全融合即可。

⁘ 作法

1 將 A 的材料放入調理盆，以打蛋器充分攪拌。

2 將 B 的材料倒入另一個調理盆，以打蛋器充分攪拌至蜂蜜融化為止。

3 將 2 倒入 1，以橡皮刮刀大致翻拌一下。再加入玉米粒，將所有材料翻拌混合。

4 將 3 的麵糊以湯匙填進馬芬專用的紙模或鋁合金烤模，填至七分滿。再排放在烤盤上，放進預熱至170℃的烤箱烘烤20至25分鐘。烤到外表呈現焦黃色為止。

如果使用紙模來烘烤，可在布丁杯或小烤盅裡放入紙模，再填入麵糊，直接進烤箱烘烤，也能烤出漂亮的馬芬。

黏滑的口感令人著迷，即使冷掉也一樣好吃！

南瓜烤布丁

南瓜放入微波爐加熱後壓成泥，和其他材料混合，再進烤箱烘烤即可。
如果覺得作焦糖漿很麻煩，直接淋上楓糖漿也不錯。

準備

- 將烤箱預熱至180℃。

材料（4人份）

南瓜……¼個
A 豆漿……1杯
肉桂粉……½小匙
楓糖漿……4大匙
低筋麵粉……2大匙
B 楓糖漿……4大匙
水……1大匙

作法

1 將南瓜去除蒂頭和籽，並削皮。放進耐熱碗、蓋上保鮮膜，放進微波爐加熱（600W）約8分鐘。再移至調理盆，趁熱以叉子壓成泥狀。

2 將A的材料依序加入1中，以打蛋器充分攪拌。

3 將2倒入耐熱器皿裡，放進預熱至180℃的烤箱烘烤約20分鐘。再靜置於室溫中冷卻。

4 以B的材料作焦糖漿。在小鍋子裡放入楓糖漿，以大火煮沸。煮到變成深褐色後就關火，再一點一點的慢慢把水加進去。

5 把4淋在3上面。

南瓜放入微波爐加熱至軟，請務必趁熱時壓泥。變冷後就會產生黏性，作出的成品也會變硬。

由於楓糖比較難變色，因此煮的時候要注意。煮到沸騰冒泡、顏色變深時，要馬上關火，並加入水。

鬆脆又香氣四溢，沾豆漿吃也很美味！

全麥酥餅

以全麥麵粉取代低筋麵粉作為主要材料。
作出來的餅乾又香又鬆脆，耐嚼度也大增，是我喜歡的甜點之一！

⁙ 材料（直徑約20㎝烘焙器皿1個份）

A
全麥麵粉……1杯
低筋麵粉……¼杯
杏仁粉……¼杯
鹽……1小撮

B
沙拉油……¼杯
蜂蜜……½杯
100%純蘋果汁……2大匙
白芝麻醬…½杯

⁙ 準備

● 將烘焙紙鋪在烤盤上。

⁙ 作法

1 將A的材料放入調理盆，以打蛋器充分攪拌。

2 將B的材料倒入另一個調理盆，攪拌至均勻為止。

3 將2倒入1，以打蛋器攪拌至沒有粉塊為止。再蓋上保鮮膜讓麵糊休息30分鐘，同時將烤箱預熱至160℃。

4 將麵糊倒入準備好的烤盤中，鋪成厚度為7至8㎜的圓形。麵糊邊緣以叉子壓出裝飾用的紋路。再以叉子在整個麵糊上穿刺，作出空氣孔。接著放進預熱至160℃的烤箱烘烤30分鐘。

5 為了容易切割，請趁還溫熱的時候切成扇形，再靜置於冷卻架上降溫。

麵團鋪進烤盤裡後，以叉子尖端沿著麵團邊緣輕輕壓出一圈花紋。如此不僅有裝飾作用，還能讓邊緣烤得更香脆。

酥餅烤好出爐，還放在烤盤上時，請趁熱壓出切痕。等酥餅完全放涼後，再沿著這些切痕將餅切開。

除了當成零食之外，作為媽媽的午茶甜點也絕對出色！

燕麥餅乾

因為粉類材料是全麥麵粉和燕麥片，所以吃起來香脆無比！
雖然是稍微簡略的作法，卻可以帶出食材風味，而且輕鬆就能完成。

材料（約20個份）

A

全麥麵粉……1 又¼杯
燕麥片……1杯
葡萄乾…¼杯
鹽……1小撮

B

沙拉油……3大匙
楓糖漿或蜂蜜……½杯
100%純蘋果汁……3大匙
白芝麻醬…3大匙

準備

● 將烘焙紙鋪在烤盤上。

作法

1 將A的材料放入調理盆，以打蛋器充分攪拌。

2 將B的材料倒入另一個調理盆，以橡皮刮刀攪拌混合。

3 將2倒入1，以橡皮刮刀充分攪拌。再蓋上保鮮膜讓麵糊休息30分鐘，同時將烤箱預熱至180℃。

4 將3的麵糊以小湯匙舀起，一匙一匙的分別排放在準備好的烤盤上。以叉子將麵糊壓平至約7至8㎜的厚度。放進預熱至180℃的烤箱烘烤約20分鐘，再靜置於冷卻架上降溫。

將麵糊大致分成20等分，用湯匙舀起排放在烤盤上，麵糊之間保留些許間距。以叉子輕壓麵糊表面，壓到表面平整的程度。

切碎後加入的牛蒡不可思議地嚐起來很像堅果的口感！

牛蒡&芝麻餅乾

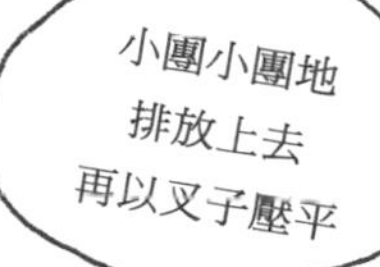

牛蒡切碎之後先煮過，再和全麥麵粉和芝麻等材料混合，
會比較容易和麵糊融合。

:: 材料（約20個份）

A

全麥麵粉……1杯
鹽……1小撮
牛蒡……⅓根
白芝麻……3大匙

B

沙拉油……2大匙
蜂蜜……4大匙
100%純蘋果汁……1大匙
白芝麻醬……4大匙

:: 準備

● 以鬃刷充分刷洗牛蒡，切成5㎜小丁後泡入水中，再以熱水煮2分鐘，煮好後將水分瀝乾。

● 將烘焙紙鋪在烤盤上。

以湯匙舀起麵糊排放上去，再以叉子用力往下壓。除了調整形狀之外，也同時壓出紋路。

:: 作法

1 將A的材料放入調理盆，以打蛋器充分攪拌。

2 將B的材料倒入另一個調理盆，以打蛋器充分攪拌。

3 把2倒入1，以橡皮刮刀將所有材料充分攪拌。將麵糊靜置於室溫15分鐘，同時將烤箱預熱至170℃。

4 將3的麵糊以大茶匙舀起，一匙一匙的排放在烤盤上，麵糊之間保留些許間距。以叉子輕壓麵糊，調整形狀。接著放進預熱至170℃的烤箱烘烤20至30分鐘。

在蘋果最好吃的秋冬季節裡，常常作的最愛甜點。

脆皮蘋果奶酥

倒入耐熱器皿
烘烤

脆皮奶酥是一種在水果上面放一層鬆脆的麵糊，再烘烤而成的甜點。
以番薯等食材來製作也很好吃！

∷ 準備

- 蘋果縱切成兩半，削皮去果核，並切成薄片。
- 將烤箱預熱至180℃。

∷ 材料（20×15㎝耐熱器皿1個份）

蘋果……2個
A 蜂蜜……2大匙
日本太白粉……1大匙
鹽……1小撮
B 全麥麵粉……½杯
杏仁粉……¼杯
泡打粉……1小匙
鹽……1小撮
C 蜂蜜……1.5大匙
沙拉油……1大匙
豆漿……2大匙
100%純蘋果汁……1大匙
杏仁片……2大匙

∷ 作法

1 將A的材料混合，加入切好的蘋果片，以橡皮刮刀充分攪拌。

2 將B的材料倒入另一個調理盆，以打蛋器攪拌至均勻為止。

3 再把C的材料倒入另一個調理盆，以打蛋器充分攪拌。

4 將3倒入2，以打蛋器充分攪拌。

5 把1平鋪在整個耐熱器皿中，再把4蓋住般的放上去。撒上杏仁片後以鋁箔紙覆蓋，放進預熱至180℃的烤箱烘烤30分鐘。把鋁箔紙拿掉，再次送進烤箱烘烤15分鐘，烤到外表呈現焦黃色為止。

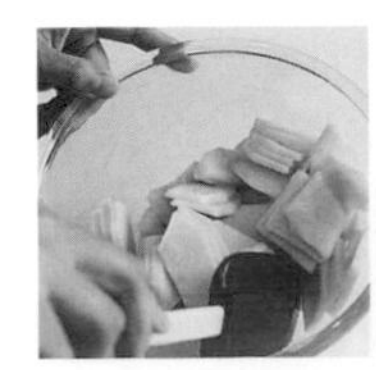

切成薄片的蘋果用蜂蜜等材料拌勻之後，平鋪在耐熱器皿中。把B和C混合的麵糊適度的拌碎，再覆蓋在蘋果上面，以橡皮刮刀延展鋪平。

材料（8個份）

A 全麥麵粉……1杯
　低筋麵粉……1杯
　泡打粉……½大匙
　鹽……1小撮
B 沙拉油……4大匙
　楓糖漿……3大匙
　100%純蘋果汁……3大匙
　豆漿……2大匙
　香草精……少許
番茄……1個

準備

- 將烘焙紙鋪在烤盤上。
- 將烤箱預熱至170℃。
- 番茄對半橫切，去籽後切成1cm小丁。

作法

1 將A的材料放入調理盆，以打蛋器攪拌至均勻為止。

2 將B的材料倒入另一個調理盆，以打蛋器攪拌至均勻為止。

3 將2倒入1，加入番茄丁之後大致攪拌一下。再將麵糊放到撒上手粉（低筋麵粉，份量外）的砧板上，以手壓攤平成1cm的厚度並以杯子壓取。

5 將4排放在烤盤上，麵糊之間保留些許間距。以刷子等工具將豆漿（份量外）塗在麵糊上，接著放進預熱至170℃的烤箱烘烤約20分鐘。以竹籤插入，拿起時沒有沾黏麵糊就是烤好了。

略帶紅色的可以看到番茄顆粒，非常可愛！

番茄司康

以手將麵糊大略的拉長攤平，再以杯子壓出圓形，送進烤箱烘烤。
麵糊千萬不能過度攪拌，不是特別講究的作法才能讓司康更有味道。

趁著A和B的材料混合、還是粉狀時將番茄放進去，並大致攪拌到材料融合為止。

在攤平的麵糊，以圓口杯大略壓取形狀就可以了。保溫杯或馬克杯都適用。

column 2

本書所使用的烤模

只要有磅蛋糕模和烘焙紙就可以了

本書中用烤模來烘烤的蛋糕，都可以以磅蛋糕模來製作。
如果是第一次選購烤模的話，建議先買磅蛋糕模。
建議多試幾次，找到自己最喜歡的烤模。

∷ 磅蛋糕模

可以在超市或百貨公司的烘焙材料專賣區買到。有各式各樣不同的尺寸，本書所採用的是8×17×高6㎝的磅蛋糕模。這個尺寸剛好是四人份，也比較容易使用。如果使用內部有鐵氟龍加工過的烤模，就不需要另外使用烘焙紙了。

∷ 烘焙紙

使用烘焙紙的原因是為了讓烤好的蛋糕不會沾黏在烤模或烤盤上，方便取出。烘焙紙可以在超市等地方買到。建議購買雙面都能使用的種類，這樣在使用時就不會搞錯或失敗了。

∷ 鋪烘焙紙的方法

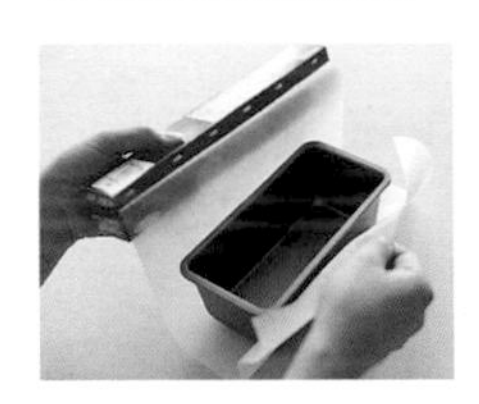

1 抽出烘焙紙後把烤模放在紙上，沿著烤模邊緣→底部→對側邊緣繼續抽紙，直到紙的大小能包住這些地方。最後多留一些長度再裁切。

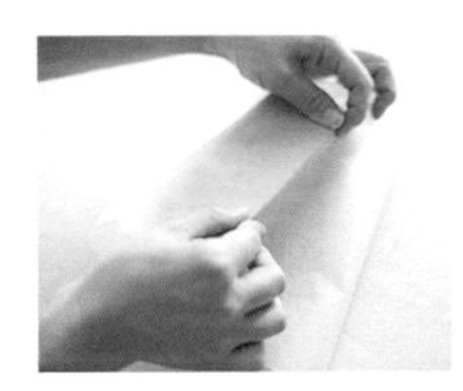

2 將裁切下來的烘焙紙摺成烤模的形狀，至於四個角的部分，只要沿著烤模邊緣壓出摺痕，在角落形成三角形後往內摺，就變成盒形了。

3 把摺成盒形的烘焙紙放進烤模。此時，如果烘焙紙的高度比烤模高，請將高出烤模的部分裁掉。不裁切就直接放進烤箱烘烤，會導致烘焙紙燒焦。

市售的鋁箔烤杯和紙模使用起來輕鬆便利

如果要烘烤較小的甜點當作禮物，建議使用市售的鋁箔烤杯或紙模來製作。使用時不需事先在烤模上抹油。如果使用質地較軟的紙模，可先放進布丁烤杯或小烤盅，再把麵糊倒入紙模裡，即可直接烘烤，非常方便。

小型的紙杯可當作冰棒模型來使用，非常方便。製作時，先在杯中倒入八分滿的冰棒原料，再將折成一半長度的免洗筷放進去，放入冷凍庫即可。

Part 3

甜度較低的

涼感甜點

對於喜歡在戶外玩耍的孩子們來說，冰品和果凍是一年四季都大受歡迎的甜點。那種吃下去冰冰涼涼的感覺，在回到家後享用，真是無上的美味呀！這裡所使用的水果，例如：哈密瓜、奇異果、草莓……都可以選用當季的水果來替代作變化。每種水果的甜度不同，可以依照自己的喜好以蜂蜜或楓糖漿來調整甜度。

不使用乳製品，只以豆漿來製作的冰淇淋。
甜度降低，所以吃起來很清爽。

豆漿香草冰淇淋

自己作的手工冰淇淋要作得好吃，祕訣在於使用食物調理機來製作。
作出來的冰淇淋質地細緻，柔滑感也大幅提昇！

材料（4人份）

豆漿……2杯
楓糖漿……6大匙
吉利丁粉……1小匙
100%純蘋果汁……3大匙
香草精……少許
沙拉油……3大匙
喜歡的水果……適量

準備

● 將吉利丁粉倒入蘋果汁裡，並浸泡。

作法

1 將豆漿和楓糖漿倒入鍋中，開小火熬煮。煮沸後馬上關火，將準備好的吉利丁粉加進去，以攪拌的方式讓它融化。

2 在調理盆上面架上食物過濾網，將1倒入過濾。將調理盆放到冰水上，以橡皮刮刀翻攪冷卻。翻攪至呈現濃稠狀態時，加入香草精。接著以打蛋器一邊攪拌，一邊慢慢將沙拉油加入。

3 將2倒入平底容器中，放進冰箱冷凍4至5小時。冷凍期間取出2至3次，每次取出時都要用叉子攪拌一下。

4 將3放進食物調理機攪打約2分鐘至材料呈現柔滑的狀態。再盛裝到器皿中，並添加水果。

剩下的冰淇淋可以放入密閉容器，以冷凍的方式保存。

加入吉利丁並攪拌融化之後，即使有點麻煩也要用濾網過濾一次。這樣才能去除豆漿裡的泡渣，讓口感變得更好。

使用脂肪量較少的豆漿來製作時，為了讓成品變得柔滑，祕訣在於加入沙拉油。為了避免油水分離，沙拉油必須一點一點地慢慢加入。

為了讓材料在冷凍期間能夠滲入空氣，必須趁完全凝固之前取出來，以叉子充分攪拌才行。

將呈現冰凍狀態的材料放進食物調理機攪打，等材料開始變得柔滑時就差不多可以停止攪打了。

人氣No. 1的冰涼甜點，可以享受Q彈口感的組合！

新鮮水果凍

使用市售果汁來製作的輕鬆作法，也可以放入自己喜歡的水果。
但新鮮鳳梨及木瓜等酵素含量豐富，會無法讓膠質凝結，請避免使用。

材料（4人份）

白葡萄汁……2杯
蜂蜜……1大匙
吉利丁粉……1.5大匙
藍莓……50g
覆盆子……50g
柳橙……½個

準備

- 將吉利丁粉倒入3大匙的水（份量外）攪拌並浸泡。

作法

1 將柳橙去皮，切取片狀果肉，並將果肉切成1㎝寬的大小。

2 在耐熱調理盆中加入白葡萄汁和和蜂蜜。以保鮮膜蓋起來，放進微波爐加熱（600W）2分30秒，讓蜂蜜融化。再趁熱將浸泡好的吉利丁加進去，充分攪拌至融化。

3 把2的調理盆放到冰水上，以橡皮刮刀慢慢翻攪。翻攪至呈現濃稠狀態時，加入1的柳橙、藍莓及覆盆子，然後再次攪拌。

4 將3分裝到器皿中，放進冰箱冷藏約1小時左右，讓食材冷卻並凝固。

只要把果汁以微波爐加熱，就不必多費功夫。為了讓吉利丁容易融化，請記得趁熱加入果汁中充分攪拌。

記得要等到果凍液呈現濃稠狀態時，再把水果加入。待果凍凝固之後，水果就不會沈到底部，成品也會比較好看。

減少吉利丁的使用量，較為滑嫩的版本。

葡萄柚Q嫩果凍

把葡萄柚榨汁，並加入果肉來製作。
柔嫩的口感美味到令人著迷。

材料（4人份）

葡萄柚……2個
蜂蜜……4大匙
吉利丁粉……1大匙

準備

● 將吉利丁粉倒入2大匙的水（份量外）攪拌並浸泡。

作法

1 將1又½顆葡萄柚榨成果汁，剩下的½顆葡萄柚則去皮並取出果肉，並將果肉大致弄散開來。

2 測量1的果汁容量，必須榨出350㎖的果汁才夠。如果果汁量不夠，請加水補足。將果汁倒入耐熱調理盆，加入蜂蜜。以保鮮膜包蓋起來，放進微波爐加熱（600W）2分30秒。再趁熱將浸泡好的吉利丁加入，充分攪拌讓它融化。

3 把2的調理盆放到冰水上，以橡皮刮刀慢慢翻攪。翻攪到呈現濃稠狀態時，加入1的果肉，並再次攪拌。

4 放進冰箱冷藏約1小時左右，等食材冷卻並凝固後，分裝到器皿中。

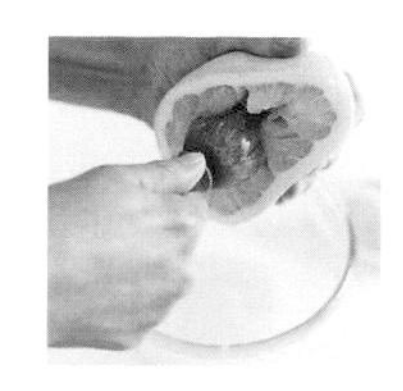

將葡萄柚切半，留下½顆，其他全部榨汁。若沒有榨汁器，可以叉子刺進果肉，再不斷扭轉來榨汁。

為了不讓果肉在凝固後沉到底部，必須將果凍液隔著冰水不斷攪拌，等到果凍液呈現濃稠狀態時再加入果肉。

唯有媽媽親手作，才能嚐到的100%天然水果滋味。

桃子冰棒

由於桃子比較貴，
因此也可以在折扣區選購過熟或外皮有損傷的桃子來製作。

材料（4根份）

桃子（成熟的）……2個
水……1大匙
蜂蜜……2至3大匙
檸檬汁……2小匙

作法

1 桃子去皮、切下果肉。

2 將1的桃子、水、蜂蜜及檸檬汁放進食物調理機，攪打成泥狀。

3 分裝到冰棒模型中，放進冰箱冷凍3至4小時。

在生活雜貨店買到的冰棒模型。不過，只要季節一到，也可以在大型超市找得到。

如果沒有冰棒模型，可以將果泥倒入紙杯中，再插入免洗筷，拿去冷凍即可。

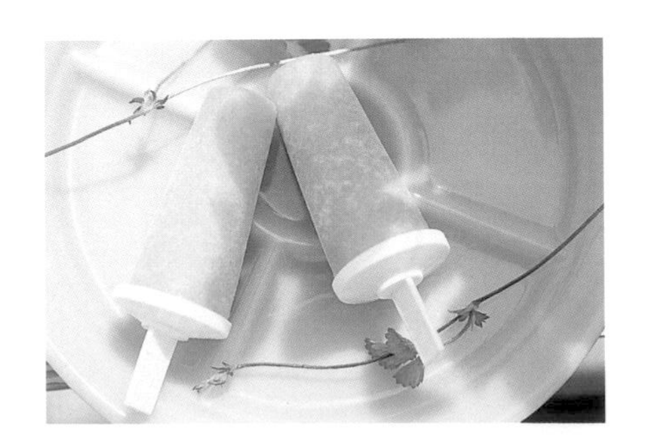

如果更輕鬆製作…

黃桃冰棒

材料和作法（4根份）

準備4片罐頭黃桃（切成對半），以及½杯罐頭內的糖漿就好。將黃桃放進調理盆，以叉子戳到細碎的程度。再加入糖漿攪拌，分裝到冰棒模型中。放進冰箱冷凍3至4小時。

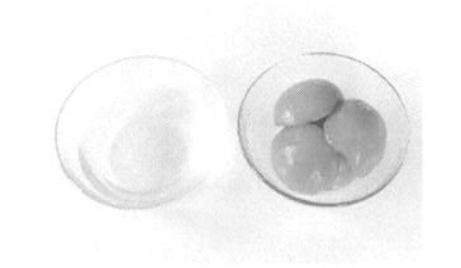

在家動手作夢想中的哈密瓜冰，是炎夏季節中最大的樂趣！

哈密瓜雪酪

想作出入口即化的柔滑口感，祕訣在於冰凍之後使用食物調理機攪打，
就能作出不輸給市售產品的味道了。

材料（4人份）

哈密瓜（果肉）
……400g（約1個份）
蜂蜜……3至4大匙
餅乾甜筒杯……4個

準備

● 哈密瓜對半切開，除去瓜瓢和籽，以湯匙挖出果肉。請準備400g的果肉。

作法

1 將哈密瓜果肉放進調理盆，以叉子戳碎，加入蜂蜜一起攪拌。

2 將1倒入平底容器中，放進冰箱冷凍4至5小時。冷凍期間取出2至3次，每次都要以叉子攪拌一下。

3 將2放進食物調理機攪打約2分鐘，讓材料呈現柔滑狀態。再盛裝到餅乾甜筒杯中。

剩下的冰淇淋請放入密閉容器中，以冷凍方式保存。

哈密瓜如果殘留塊狀果肉，吃起來會有沙沙的口感，所以要以叉子將果肉充分壓碎，再加入蜂蜜。

食材冰凍之後弄碎成適當大小，放進食物調理機攪打。打到柔滑狀態就可以停止，記得不要攪打過頭。

因為湯圓很小，可以湯匙舀來吃，也可以和果汁一起喝下去。

蜂蜜檸檬小湯圓

小小的白玉湯圓漂浮在蜂蜜檸檬飲料中。
重點是要把白玉湯圓作得很小，小到可以連同飲料一起喝下去。

材料（4人分）

日本白玉粉……50g
水……3至4大匙
A 蜂蜜……4大匙
　檸檬汁……2大匙
　水……¼杯
　熱湯……½杯
冰……適量

作法

1 使用A的材料製作糖漿。在調理盆中放入蜂蜜和熱水，充分攪拌讓蜂蜜融化後，再加入水和檸檬汁，然後放進冰箱冷卻。

2 將白玉粉倒入調理盆，一邊慢慢的加水，一邊以手攪拌混合。然後揉捏粉團，揉到耳垂般的軟度。接著把粉團放到砧板上，搓成直徑1cm的細長棒狀，然後切成7至8mm長的小塊，並把小塊揉成球狀。

3 以鍋子盛裝大量熱水（份量外）並煮沸，再把2放進去煮。湯圓浮上來之後再多等20秒，撈上來放到冷水中。

4 將作好的糖漿和1至2顆冰塊放到玻璃杯中後，把湯圓的水分瀝乾，再放入。

把湯圓的麵團以手稍微拉長，放到砧板上，雙手以搓動的方式延展，搓成1cm粗的細長繩狀。

從一端開始，將粉團每隔7至8mm切成一塊，再一塊一塊的以手揉成球狀。湯圓揉得越小，煮的時間越短，製作上會比較容易。

可以搭配任何水果的簡單作法，以檸檬風味的糖漿來調味。

水果潘趣酒

水果潘趣酒有各式各樣的調味方式。在這裡為各位介紹一種我很喜歡的作法，既簡單又吃不膩！

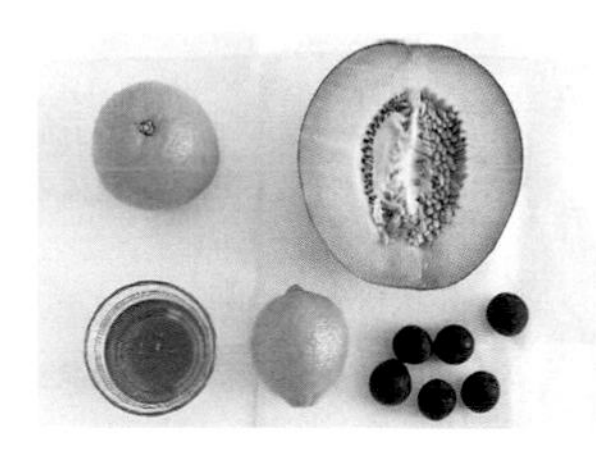

材料（4人份）

哈密瓜……½個
柳橙……2個
葡萄……1串
A 蜂蜜……6大匙
水……2杯
檸檬汁……3大匙

作法

1 去除哈密瓜的瓜瓢和籽，用挖球器將果肉挖成球狀。如果沒有挖球器，就將果皮去除並切成適合入口的大小。柳橙去皮，將果肉從薄膜中取出。將葡萄從梗摘下來。

2 以A的材料製作糖漿。把水和蜂蜜倒入鍋中，開大火熬煮。煮沸後轉成中火再煮3分鐘，將蜂蜜煮化。等冷卻之後再加入檸檬汁。

3 將水果和糖漿放入大容器中加以混合，再放進冰箱冷卻。冷卻完畢後分別盛裝到器皿中。

處理柳橙時，首先以水果刀削去外皮，削到看見果肉的程度。再以水果刀切入果囊，將果肉一瓣一瓣地取出來。

製作糖漿的祕訣在於將蜂蜜和水煮沸，讓蜂蜜融化之後，為了要讓檸檬的香氣散發出來，必須等水冷卻之後才能加入檸檬汁。

甜味來自蜂蜜，使用乾燥紅豆沙作出爽口的味道。

簡易水羊羹

這裡介紹兩種作法：一種是不加砂糖，只使用乾燥紅豆沙加蜂蜜的作法；
一種是使用現成的紅豆沙（泥）加砂糖的輕鬆作法。

材料（17×21㎝、高1㎝容器1個份）

乾燥紅豆沙粉（市售產品）……100g
寒天粉……1小匙
水……2杯
蜂蜜……6大匙
鹽……少許

作法

1 將乾燥紅豆沙粉倒入調理盆，加入大量的熱水，靜置20分鐘。等粉末完全沉到底部之後，把浮在上層的水倒掉。然後再重複一次這樣的過程。

2 將1的乾燥紅豆沙放到乾淨的布巾上，包起來用力扭轉去除水分。再放入鍋中開小火，以木刮刀充分翻拌5分鐘，去除水分。

3 將材料中的水及寒天粉放入另一個鍋中攪拌，並開火熬煮。煮沸之後轉成小火，繼續煮1至2分鐘。等寒天完全溶解後，加入2的紅豆沙、蜂蜜以及鹽。轉成中火煮5分鐘左右，一邊煮一邊以木刮刀攪拌。

4 把3的鍋子放到冰水上，以橡皮刮刀慢慢翻攪，讓材料冷卻到可以碰觸的溫度。

5 將盛裝用的平底容器（17×21㎝、高1㎝左右的尺寸）快速以水沖一下，把4倒入容器中，放進冰箱冷藏3小時，讓材料冷卻並凝固。最後切成自己喜歡的大小，分裝到器皿中。

使用現成紅豆沙的輕鬆作法

材料＆作法（4人份）

1 在鍋裡放入1小匙寒天粉和2杯水，以小火熬煮。等寒天完全溶解後加入砂糖50g、鹽少許、現成的紅豆沙150g，繼續熬煮2分鐘。

2 將1的鍋子放到冷水上，以攪拌的方式降低溫度。再把材料裝入模型或平底容器中，放進冰箱冷卻並凝固。

材料 memo

乾燥紅豆沙
將紅豆煮過之後過濾，再乾燥脫水，作成沙粒般的粉末狀。使用時要放到熱水中熬煮，再添加甜的調味料。

把大量的熱水倒入乾燥紅豆沙中，靜置20分鐘。等粉末完全沉到底部之後，把浮在上層的濁水倒掉。

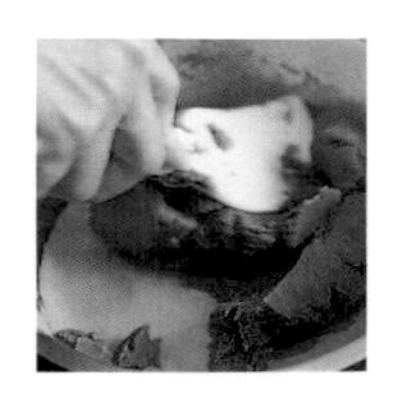

去除水分後，以小火來翻炒紅豆沙，讓水分蒸發。炒到整體顏色有點褪色的時候，就差不多完成了。

:: 材料（4人份）

寒天粉……1.5小匙（4g）
水……2杯
水煮豆類罐頭（喜歡的種類）……100g
楓糖漿……½杯

:: 作法

1 將材料中的水及寒天粉放入鍋中攪拌，再開火熬煮。煮沸時轉成小火，繼續煮1至2分鐘讓寒天完全溶解。

2 將1倒入平底容器（17×21㎝、高1㎝左右的尺寸），等降溫至可以碰觸的溫度後，放進冰箱冷藏2小時左右，讓材料冷卻並凝固。

3 將豆類罐頭中的汁水倒掉，再把豆子和楓糖漿混合蜜漬。直到冷藏的寒天也完全凝固為止。

4 將2切成1.5㎜見方的小丁，分裝到器皿中。再依喜好取適量的3放上去。

使用料理用的豆類罐頭製作的健康甜點。

楓糖蜜豆寒天

這邊使用的是紅花豆和白花豆，也可以使用其他食材來製作。
祕訣在於先用楓糖漿來浸漬豆子，讓甜味滲入。

這道甜點的製作過程最重要的是讓寒天完全溶解在水中。即使煮沸了也不能掉以輕心，請以小火繼續沸騰一下。

比起在成品上淋上楓糖漿，先將豆子用楓糖漿浸漬會比較容易入味，和寒天搭配起來，口感也比較好。

作法更簡單的

黑糖蜜洋菜凍

:: 材料和作法（4人份）

1 將3盒條狀洋菜凍用流動的水沖洗，再放到濾網上將水瀝乾淨。
2 將1盛放到器皿中，將喜歡的水果（奇異果、罐裝鳳梨等）切成小丁，取適量加上去。再以繞圈方式淋上4至6大匙的黑糖蜜。

在家就能享受到日式甜點店的氣氛，可搭配日本茶或麥茶一起享用。

楓糖蕨餅

將楓糖漿完全揉合到蕨餅中。蕨餅的熬製過程雖然有點費工，
作好後卻能嚐到手工製作的獨特美味。

材料（4人份）

蕨餅粉……150g
楓糖漿……½杯
水……3杯
黃豆粉……50g

由於蕨餅粉的粉末容易結塊，因此在開火熬煮之前，為了不讓粉塊產生，必須先用手揉捏並充分攪拌。

保持輕微冒泡的沸騰狀態，一邊以木刮刀攪動熬煮。等材料從白色變成整個透明和具光澤的時候，就是熬煮完成了。

作法

1 在鍋裡放入蕨餅粉、楓糖漿、水，以手攪拌至看不到任何粉塊為止。開中火，不斷以木刮刀攪拌。煮沸之後轉成小火，繼續以木刮刀拌煮十分鐘左右。

2 將一半份量的黃豆粉平鋪在較小的平底容器上，然後倒入1，讓1平均分布在容器中。再將剩餘的黃豆粉撒在所有的材料上，靜置於室溫中冷卻。

3 完成冷卻之後放到砧板上，切成一口大小。切口處也要沾上黃豆粉（份量外），再盛放到器皿中。

使用椰奶取代牛奶製作。

芒果布丁

椰奶的香醇和風味散發出些許異國風情，
和芒果酸酸甜甜的滋味非常合拍！

材料（直徑約7㎝的果凍模型4個份）

芒果……2個
椰奶……1.5杯
檸檬汁……1小匙
蜂蜜……5小匙
寒天粉……1小匙
芒果（丁狀）、薄荷……各少許

準備

● 將寒天粉倒入4大匙的水（份量外）裡，並浸泡。

作法

1 芒果去皮去籽，將果肉放進食物調理機攪打成泥狀。

2 將浸泡好的寒天倒入鍋中，開極小火煮到寒天融化。加入椰奶和蜂蜜，充分攪拌至所有材料溶解，再加入1的芒果泥。煮到沸騰後立刻關火，加入檸檬汁。

3 在調理盆上面架上食物過濾網，將2倒進去過濾。再倒入以水快速沖過的模型中，放進冰箱冷藏2至3小時，讓材料冷卻並凝固。

4 將凝固之後的材料從模型中取出並盛放到器皿上，再擺上薄荷和芒果丁作裝飾。

芒果的果肉必須放進食物調理機，攪打到呈現濃稠柔滑的狀態為止。

必須先確認寒天已經完全溶解，才能把芒果泥加進去。寒天沒有完全溶解的話，之後就會很難凝固。

以芝麻和豆腐就能製作的百貨美食區人氣日式甜點。

黑芝麻巴巴露亞

將豆腐和芝麻醬放進食物調理機攪打，加入吉利丁使之凝固。
吃起來柔滑順口，最開心的是熱量還很低呢！

材料（4人份）

A 板豆腐……150g
　豆漿……¾杯
　楓糖漿……4大匙
　黑芝麻醬……4大匙
吉利丁粉……1.5小匙
黑芝麻……少許

作法

1 將A的材料放進食物調理機，攪打至濃稠柔滑的狀態為止。

2 將1倒入鍋子裡，開小火煮到沸騰之後關火，加入浸泡的吉利丁，充分攪拌讓材料融化。

3 將2倒入調理盆，放到冰水上，以橡皮刮刀翻攪降溫。翻攪到呈現濃稠狀態時，分裝到模型或容器中，放進冰箱冷藏1至2小時左右，讓食材冷卻並凝固。

4 最後在成品上面撒上黑芝麻。

準備

● 將吉利丁粉倒入2大匙的水（份量外）裡浸泡。

將豆腐、豆漿、楓糖漿、芝麻醬放進食物調理機，攪打成泥狀。

加入吉利丁並溶解之後，隔著冰水以橡皮刮刀不斷翻攪降溫，直到呈現翻攪時會留下痕跡的濃稠狀態為止。

∷ 材料（4人份）

A 板豆腐……150g
　豆漿……150㎖
　楓糖漿……4大匙
100%純蘋果汁……4大匙
吉利丁粉……1.5小匙
杏仁香精……少許
B 草莓……200g
　楓糖漿……2大匙
　檸檬汁……1小匙
薄荷……少許

∷ 準備

● 將蘋果汁倒入耐熱容器中，放入吉利丁粉之後充分攪拌，靜置浸泡。

∷ 作法

1 將A的材料放進食物調理機，攪打至柔滑狀態為止。

2 以保鮮膜將浸泡過的吉利丁蓋起來，放進微波爐加熱（600W）20秒。等吉利丁融化之後再加進1裡，然後加入杏仁香精，充分攪拌混和。

3 將2的容器放到冰水上，以橡皮刮刀翻攪降溫。翻攪到濃稠狀態時倒入模型裡，放進冰箱冷藏約2小時左右，讓食材冷卻並凝固。

4 以叉子把B材料裡的草莓壓碎，並其他B材料混和，作成醬汁。

5 將3盛放到器皿中，淋上4並以薄荷裝飾。

浸泡過的吉利丁要先以微波爐加熱之後才能加進其他材料中。等材料充分融化之後再隔著冰水翻攪，攪到變得濃稠為止。

為了讓醬汁散發草莓新鮮的味道，所以不用熬煮，直接以叉子壓碎後添加甜味就可以了。

以豆腐取代牛奶來製作，可以降低熱量！

法式杏仁奶凍

柔軟Q彈的口感完全超乎想像！
加上果醬一起享用吧！

column 3

把甜點當成禮物！

目前最流行自然&環保的包裝方式

自己作的甜點，當然會想分贈一些給朋友享用。
不過，如果包裝得太繁複，不僅很難將甜點取出，還會製造多餘的垃圾。
為了不造成受禮者的負擔，建議採用簡單的包裝方式。

∷ 磅蛋糕用布巾簡單包起來

以廚房擦巾或較大的餐巾包住磅蛋糕，尾端再綁一個結。這樣看起來不僅可愛，還可以防止磅蛋糕變得乾硬。用來送禮的時候，還可以在打結的地方夾上一張寫著感謝等話語的卡片！

∷ 果凍要裝在杯子裡，醬汁要裝進果醬瓶中

布丁及果凍要裝在杯子或容器裡，上面再放上一片親手栽種喜愛植物的葉子，然後以麻繩輕輕綁住。醬汁就另外用小的果醬瓶等容器裝起來一起附上！

∷ 為了避免裂開，餅乾要裝進瓶罐中

餅乾等較小的烘焙甜點，要依照種類分開，裝入形狀適合的果醬瓶中。也可以另外把瓶子裝進紗布或麻質的小袋子中，這樣的包裝會比較別緻可愛。

Part 4

不需使用烤箱的
平底鍋甜點

快速作好麵糊之後，放進平底鍋中煎烤就能夠完成。平底鍋甜點最大的魅力就是，想吃的時候馬上就可以作好！在此除了介紹使用全麥麵粉和蜂蜜作成的厚煎鬆餅和美式鬆餅之外，還為您介紹不甜的大阪燒等甜點。想使用電烤盤來烤當然也OK。和孩子們一起邊作邊吃，一定很開心的！

只要使用最輕鬆的作法，就能品嚐到
無添加蛋糕的純樸美味。

全麥厚煎鬆餅

甜度較低、吃起來柔軟，卻能感受到扎實口感的厚煎鬆餅。
由於這種鬆餅的麵糊質地會比一般鬆餅硬，
因此要注意不要攪拌過度。

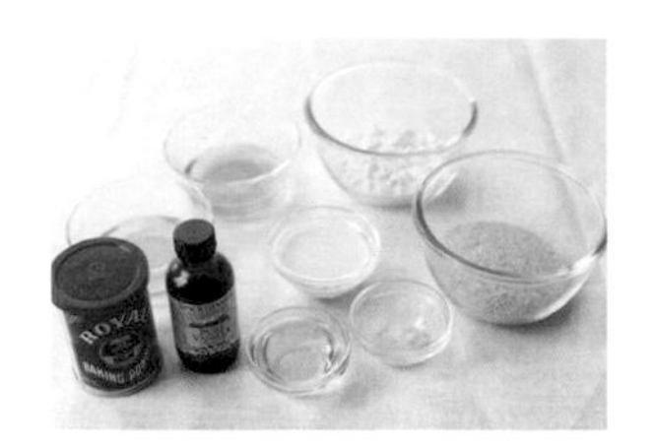

材料（4至6片份）

A
全麥麵粉……½杯
低筋麵粉……½杯
泡打粉……½大匙
鹽……1小撮

B
沙拉油……2大匙
豆漿……2大匙
蜂蜜……3大匙
100%純蘋果汁……4大匙
香草精……少許

手工蘋果醬
（請參照下方）……適量

作法

1 將A的材料放入調理盆，使用打蛋器攪拌均勻。

2 將B的材料倒入另一個調理盆，使用打蛋器攪拌均勻。

3 將2倒入1，使用打蛋器攪拌至沒有粉塊為止。

4 平底鍋燒熱，塗上薄薄一層沙拉油（份量外）。以杓子舀起約一杓量的麵糊放進鍋中，壓成直徑7至8㎝左右的圓餅，餅的兩面都以小火煎烤。

5 以同樣的作法多作幾片圓餅，最後放到盤子，淋上醬汁。

手工蘋果醬的作法

1 將½個蘋果去皮磨成泥狀，和3大匙蜂蜜、少許肉桂粉、檸檬汁一起放入耐熱容器中。蓋上保鮮膜後，放進微波爐加熱（600W）4分鐘。

2 將各1小匙的日本太白粉和水攪拌均勻，再加到1裡面。充分攪拌之後蓋上保鮮膜，再次放入微波爐加熱30秒。

由於這種麵糊質地較硬，不會像一般鬆餅的麵糊那樣流動滴落。因此以杓子舀起的麵糊的時候，要注意是否有攪拌過度的現象。

煎烤的時候不是讓麵糊流進去，而是將麵糊推落到鍋中，以杓子底部將麵糊壓成圓餅狀的方式製作。

即使只煎烤其中一面，另一面也不會像一般鬆餅那樣冒泡和出現圓孔。以鍋鏟稍微翻起來確認一下煎烤的程度。

以小火慢慢煎烤，煎到餅面呈現淺褐色時就翻面。另一面也以小火，加蓋慢慢煎烤。

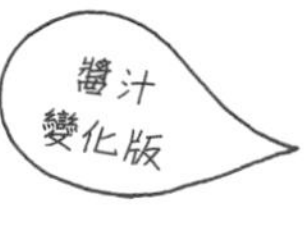

楓糖紅豆醬

將水煮紅豆或蒸熟的紅豆（罐頭）¼杯、楓糖漿¼杯、即溶咖啡（顆粒狀）少許，混合並攪拌均勻。

蜂蜜白芝麻醬

將白芝麻醬3大匙、蜂蜜3大匙，混合並攪拌均勻。

使用微波爐和平底鍋就能作出
百貨公司地下街美食區的人氣日式甜點！

番薯金鍔燒

番薯以微波爐加熱之後，趁熱壓成泥並加入楓糖漿作成團狀。將薯團調整成方形，並將日本白玉粉和低筋麵粉加水溶解作成麵衣，把麵衣塗到方形薯團的每一面以平底鍋煎烤。

材料（8個份）

番薯……250g
楓糖漿……3 大匙
鹽……少許

A
日本白玉粉……1 大匙
水……3 大匙
低筋麵粉……2 大匙

作法

1 將番薯切成適當的大小，大致以水沖洗過後排放在耐熱容器中。將容器蓋上保鮮膜並放進微波爐加熱（600W）約6分鐘，讓番薯變得柔軟。趁熱將番薯去皮並放到調理盆，以叉子壓成泥。再加入楓糖漿和鹽，並以橡皮刮刀攪拌混合。

2 把1放到乾淨的砧板上延展攤平，整成大小約16×8cm、厚2.5cm的方形，再以刀子切成8等分。

3 使用A的材料製作麵衣。將水和日本白玉粉充分混合，再倒入低筋麵粉，以打蛋器攪拌到呈現柔滑狀態為止。

4 將平底鍋燒熱，塗上薄薄一層沙拉油（份量外）。將3塗在2的其中一面，並將這一面壓到平底鍋上煎烤，直到麵衣乾掉為止。重複這個動作，讓2的每一面都沾到麵衣並烤乾。

如果以楓糖漿來增添甜味，不僅會讓甜味變得柔和，也因為是液體狀的關係，會比砂糖更容易融合到薯泥中，而且更容易製作。

將薯團延展攤平成16×8cm左右的長方形，以刀子切成長寬為4cm的正方形，共8等分。

一面一面地沾上麵衣，再放到平底鍋煎烤。開小火，將薯塊輕壓到平底鍋中。等白色的麵衣烤乾，呈現稍微透明的狀態就可以了。

HUIT
8

只要加到蛋糕裡，就算是討厭的蔬菜也變得美味！

菠菜扁蛋糕

菠菜煮過之後，放進食物調理機打成泥狀備用。等B的液體類材料完全溶解後再把菠菜泥加入，即可混合得非常均勻。

菠菜煮過之後放進食物調理機攪打。要攪打久一點，直到菠菜纖維被切斷，變成泥狀為止。

將菠菜泥加入B的液體類材料中，用打蛋器充分攪拌均勻。這樣加入麵糊中混合時就不會產生粉塊了。

⁚⁚ 材料

（直徑19cm平底鍋1個份）

A 全麥麵粉……½杯
低筋麵粉……½杯
泡打粉……½大匙
肉桂粉……½小匙
核桃……¼杯
葡萄乾……¼杯
B 沙拉油……1.5大匙
豆漿……2大匙
蜂蜜……3大匙
100%純蘋果汁……3大匙
香草精……少許
菠菜……100g

⁚⁚ 準備

- 把烘焙紙裁切成平底鍋底部的形狀。
- 將材料A中的核桃放在烤盤上，送進預熱至180℃的烤箱烘烤10分鐘，然後剁碎。
- 用熱水將材料B的菠菜煮到軟化，然後把水充分擠乾，放進食物調理機打成泥狀。

⁚⁚ 作法

1 將A的材料放入調理盆，使用打蛋器攪拌均勻。

2 將B的材料倒入另一個調理盆，使用打蛋器攪拌均勻。

3 將2倒入1，使用打蛋器大幅度地攪拌，直到沒有粉塊為止。

4 平底鍋燒熱，塗上薄薄一層沙拉油（份量外）。將準備好的烘焙紙鋪上，倒入3，讓它平均分布在平底鍋中。蓋上蓋子並用極小火煎烤5至6分鐘，煎到上色後就翻面。同樣以小火加蓋煎烤，直到煎熟為止。

作成花形或星形，享受和孩子們一起使用電烤盤作甜點的樂趣！

馬鈴薯煎餅

只要把切成細絲的馬鈴薯和麵粉混合，作成喜歡的形狀再煎烤就完成了。
因為不甜，除了可以作為早餐或零食之外，說不定也很適合當成爸爸的下酒菜呢！

材料（4人份）

馬鈴薯……4個
低筋麵粉……4大匙
鹽、番茄醬……各適量

作法

1 將馬鈴薯去皮，以刨絲器削成極細的細絲，以水大致沖洗後用濾網撈起，充分瀝乾水分。

2 將1放入調理盆，加入低筋麵粉，以橡皮刮刀翻拌混合，直至沒有粉塊為止。

3 將電烤盤加熱到200℃，塗上一層沙拉油（份量外）。依照喜好在盤中倒入適量的2，並調整成自己喜歡大小及形狀。煎烤約6至7分鐘，直至兩面煎至金黃微焦即可。

4 盛裝到盤子，添加鹽或番茄醬。

將馬鈴薯切成極細的細絲，如果可以，以刨絲器會比較方便。由於表面的澱粉質容易黏在一起，可以水大致沖洗，但不要浸泡在水中。

煎烤3至4分鐘，煎到上色後就翻面。由於在一面煎熟之前，形狀很容易散掉。所以煎熟前盡量不要去撥弄材料。

將剩飯變成甜點！醬油和芝麻的香氣令人無法抵擋。

芝麻米餅

米飯加水後以微波爐加熱，變成濕潤狀態後加入芝麻、醬油、麵粉充分混合後，
煎烤一下就完成了。口感軟Q且香氣撲鼻，是充滿懷舊感的甜點。

材料（4人份）

白飯……150g
水……1杯
白芝麻……1大匙
醬油……1大匙
低筋麵粉……6大匙
芝麻油……適量

作法

1 米飯以料理刀切成細碎狀態，放在耐熱碗中加水，蓋上保鮮膜並放進微波爐加熱（600W）3分鐘。從微波爐取出之後，靜置5分鐘讓米飯浸泡。

2 將1大致攪拌一下，加入白芝麻、醬油、低筋麵粉。再以橡皮刮刀翻拌混合。

3 將電烤盤加熱到180℃，塗上芝麻油。舀起約2大匙份量的麵糊倒入盤中，煎烤約3至4分鐘，直到兩面煎至金黃微焦。

為了讓米飯在浸泡時能夠更容易和水融合，必須先以刀子切碎。切的時候不必特別講究，只要大致切碎就可以了。

把切碎的米飯加水放進微波爐加熱。讓米飯充分泡水，變成濃稠狀態之後，再加入調味料和粉類，並充分攪拌。

材料（15至20個份）

A 全麥麵粉……1杯
　鹽……1小撮
　去殼栗子……¼杯
B 沙拉油……¼杯
　楓糖漿或蜂蜜……3大匙
　山藥泥……3大匙
　檸檬汁……1小匙

去殼栗子……8至10顆

準備

- 把烘焙紙裁切成平底鍋底部的形狀。
- 把A材料中的去殼栗子剁碎。

作法

1 將A的材料放入調理盆，以打蛋器攪拌均勻。

2 將B的材料倒入另一個調理盆，以打蛋器攪拌均勻。

3 將2倒入1，以橡皮刮刀翻拌，直至沒有粉塊為止。

4 將平底鍋燒熱，塗上薄薄一層沙拉油（份量外）。以湯匙舀起一滿匙左右的3，一匙一匙的排放到鍋中。在每份麵糊的中間擺放去殼栗子，以極小火煎到上色後就翻面。以這樣的方式兩面煎烤。

以埋入的感覺，在排列在平底鍋裡的麵糊中間放上糖漬栗子。因為栗子容易燒焦，請用極小火來煎烤，並留意表面的顏色。

將市售的糖漬栗子加到麵糊中，成品也以栗子來點綴。

平底鍋版迷你栗子蛋糕

吃起來有如餅乾一般，一口大小的扎實口感甜點。
與其使用糖煮栗子，改用去皮的糖漬栗子來製作會更加方便又好吃。

以豆腐取代鮮奶油來製作的健康甜點。

豆腐奶霜可麗餅

宛如清爽版的鮮奶油，品嚐之後一定會對它的滑順口感到驚訝。
也可以以充分去除水分的優格來代替豆腐，也很好吃！

煎烤可麗餅的時候，使用20cm左右的小型平底鍋會比較方便。將麵糊倒進去之後，以翻動平底鍋的方式讓麵糊平均分布在整個鍋底。

其中一面以小火煎烤約1分鐘，整個表面煎至微微的焦色之後就翻面，繼續煎到另一面也乾掉為止。

材料（直徑約18cm鍋具1個份）

A 全麥麵粉……½杯
低筋麵粉……½杯
日本太白粉……1大匙
鹽……1小撮

B 豆漿……1.5杯
沙拉油……1大匙
楓糖漿……1大匙

C 板豆腐……200g
檸檬汁……⅓小匙
楓糖漿……3大匙
豆漿……1大匙
鹽……少許
香草精……½小匙

準備

● 把板豆腐以廚房紙巾包住，靜置20分鐘以去除水分。

作法

1 將**A**的材料放入調理盆，以打蛋器攪拌均勻。

2 將**B**的材料倒入另一個調理盆，以打蛋器攪拌均勻。

3 將**2**倒入**1**，以打蛋器攪拌至沒有粉塊為止。

4 將小型平底鍋燒熱，塗上薄薄一層沙拉油（份量外）。將份量為3至4大匙左右的**3**倒入，讓它平均分佈在平底鍋中。以小火煎烤約1分鐘後，翻面再快速煎烤一下，再放到平底的濾網上。剩下的麵糊也以同樣方式煎烤。

5 製作奶霜。將**C**的材料全部放到食物調理機，攪打至呈現柔滑狀態為止。

6 將一張**4**的可麗餅放到盤子上，取三大匙左右**5**的奶霜塗上，再疊上一張可麗餅。重複這樣的動作疊上幾張餅之後，再切開享用。

外表看起來樸實，卻非常受孩子們歡迎！

味噌可麗餅捲

因為是加入日本白玉粉的可麗餅，所以吃起來軟Q彈潤。
可以加入喜歡的餡料，無論是包罐頭鮪魚還是小香腸都好吃。

材料（8個份）

日本白玉粉……50g
水……1杯
低筋麵粉……100g
鹽……1小撮
A 蔥……⅓根
柴魚片……1小袋
味噌……3大匙
芝麻油……1大匙

作法

1 在調理盆中放入日本白玉粉和水，以手一邊揉搓粉末，一邊攪拌，直至沒有粉末顆粒為止。接著加入低筋麵粉和鹽，以手充分攪拌混合。

2 使用A的材料作味噌醬。把蔥切成薄薄的圓片，以水搓洗來去除辛辣味。將味噌和芝麻油放入調理盆攪拌，再放進蔥和柴魚片充分攪拌。

3 將平底鍋燒熱，塗上薄薄一層沙拉油（份量外）。將份量為兩大匙左右的1倒入，並延展成圓餅狀並煎烤。表面烤乾後就翻面，讓另一面快速煎烤一下就可以取出。。

4 依照喜好取適量的味噌醬塗在可麗餅上，再整個捲起來。

由於白玉粉的粉末會結塊，為了不讓粉塊產生，攪拌時要用手指稍微搓揉粉末，讓粉末和水融合。

如果想充分展現白玉粉的口感，祕訣就是不要把麵糊攤得太薄。可以使用湯匙的背面，以畫圓的方式將麵糊延展攤開。

為了作出沒有焦痕的白色餅皮，煎到表面乾掉、出現透明感時，就可以翻面了。然後快速將另一面煎烤一下即可。

以全麥麵粉的天然滋味&新鮮水果製作。

藍莓鬆餅

也可以使用香蕉、鳳梨、奇異果等簡單方便的水果來製作。
此外，依照季節變換當季水果來製作也很有趣！

∷ 材料（4人份）

A 全麥麵粉……¾杯
低筋麵粉……½杯
泡打粉……½大匙
鹽……1小撮

B 沙拉油……1大匙
豆漿……¾杯
楓糖漿……3大匙
香草精……少許

藍莓……50g

∷ 作法

1 將A的材料放入調理盆，以打蛋器攪拌均勻。

2 將B的材料倒入另一個調理盆，以打蛋器攪拌均勻。

3 將2倒入1，以打蛋器攪拌至沒有粉塊為止。加入藍莓，以橡皮刮刀從盆底往上翻拌混合。

4 平底鍋燒熱，塗上薄薄一層沙拉油（份量外）。將準備好的烘焙紙鋪上，將份量為2大匙左右的3倒入，延展成直徑7至8cm的圓形，用小火煎烤約3分鐘後，翻面後再煎烤約2分鐘。剩下的麵糊也以同樣方式煎烤。

藍莓要在製作麵糊的最後一道手續時才加進去。然後大致翻拌一下，讓藍莓和麵糊均勻混合即可。記得不要過度攪拌麵糊。

以小火煎烤約3分鐘，等麵糊表面開始冒泡和出現空氣孔就翻面。翻面後繼續煎烤到呈現焦黃色為止。

使用乾燥蔬菜能夠提升份量感，對身體也很好！

乾蘿蔔絲大阪燒

要讓乾蘿蔔絲容易入口，祕訣就是以水恢復柔軟口感。因為這是不加蛋的作法，所以添加日式高湯來代替水，並以櫻花蝦增添味道。

∷ 材料（4人份）

乾蘿蔔絲……40g
A 低筋麵粉……1杯
　日式高湯……1杯
櫻花蝦……30g
青海苔、大阪燒醬汁
　……各適量

∷ 準備

● 乾蘿蔔絲用水搓洗後，以稍微讓食材冒出頭的水量浸泡，泡到恢復柔軟為止。然後將水擠乾，切成小段。

∷ 作法

1 將A的材料倒入調理盆，以打蛋器充分攪拌。攪拌到柔滑狀態時加入乾蘿蔔絲和櫻花蝦，以橡皮刮刀從盆底往上翻拌混合。

2 將平底鍋燒熱，塗上薄薄一層沙拉油（份量外）。將1倒入鍋中，調整成厚1cm的橢圓形。煎烤7至8分鐘，直到兩面煎到金黃微焦。

3 以刀切開後盛裝到盤子，淋上大阪燒醬汁並灑上青海苔。

為了去除乾蘿蔔絲的獨特味道，要把蘿蔔絲放到盛水的調理盆中重複搓洗，洗到水不會變濁為止。

因為比較不容易熟透的關係，所以要一面一面的慢慢煎烤。煎烤時可以稍微翻起來看一下，如果底下已經煎出漂亮的顏色，就可以翻面了。

烘焙良品 70

一個模具就ok！
簡單作・零失敗の
純天然暖味甜點

作　　者／藤井恵
譯　　者／廖紫伶
發 行 人／詹慶和
總 編 輯／蔡麗玲
執行編輯／李佳穎
編　　輯／蔡毓玲・劉蕙寧・黃璟安・陳姿伶・李宛真
封面設計／韓欣恬
美術編輯／陳麗娜・周盈汝
內頁排版／韓欣恬
出 版 者／良品文化館
郵政劃撥帳號／18225950
戶　　名／雅書堂文化事業有限公司
地　　址／220新北市板橋區板新路206號3樓
電子信箱／elegant.books@msa.hinet.net
電　　話／(02)8952-4078
傳　　真／(02)8952-4084

2017年12月初版一刷　定價 280元

新裝版 藤井恵さんちの卵なし、牛乳なし、砂糖なしのおやつ

經　　銷／易可數位行銷股份有限公司
地　　址／新北市新店區寶橋路235巷6弄3號5樓
電　　話／(02)8911-0825
傳　　真／(02)8911-0801

國家圖書館出版品預行編目(CIP)資料

一個模具就ok！簡單作零失敗の純天然暖味甜點 / 藤井恵著 ; 廖紫伶譯.
-- 初版. -- 新北市 : 良品文化館, 2017.12
面；　公分. -- (烘焙良品 ; 70)
譯自：新裝版 藤井恵さんちの卵なし、牛乳なし、砂糖なしのおやつ
ISBN 978-986-95328-7-7(平裝)

1.點心食譜

427.16　　106021890

staff

美術指導／藤崎良嗣 pond inc.
設　　計／町中久美恵＋小松明子 pond inc.
攝　　影／千葉 充（主婦之友社影像課）
造型設計／坂上嘉代
撰文整理／杉山伸子
校　　閱／榊原千鶴子
（東京出版サービスセンター）
編　　輯／町野慶美

Macrobiotic Dessert

在家輕鬆作

好食味 養生甜點&蛋糕

鬆・軟・棉・密の自然好味！

- ●無添加蛋・奶・白砂糖
- ●嚴選植物性當令食材
- ●全書食譜皆使用有機低筋麵粉

不須繁複打發程序，簡單作輕甜風幸福點心！
以有機豆乳、椰奶取代牛乳；
豆腐取代奶油製作出香醇爽口的養生蛋糕！
本書跳脫傳統養生點心的樸素窠臼，
介紹了瑞士捲、糖霜甜甜圈、戚風蛋糕等看起來精緻可愛的華麗蛋糕，
藉此推廣品味輕甜點心的同時又能兼顧養生的飲食新主張！

上原まり子◎著／定價：280元